今すぐ使える かんたん

Illustrator CC

Imasugu Tsukaeru Kantan Series : Illustrator CC

技術評論社

本書で使用している画像について

本書で使用されている画像の一部は、クリエイティブ・コモンズ・ライセンス（CCライセンス）によって許諾されており、下記著作者による写真画像を編集・加工したものを含みます。
ライセンス内容を知りたい方は、こちらでご確認ください。　http://creativecommons.jp/licenses/

なお、本書では、カラー設定は、初期設定の「一般用－日本2」で作業しています。
他のカラー設定にしている場合、プロファイルに関するダイアログが表示されることがあります。
カラー設定については、本書のP.60をご覧ください。

＜Chapter2＞
■Sec8
bitmap.jpg（©oatsy40　https://www.flickr.com/photos/oatsy40/16426367108/in/faves-132182152@N03/）

＜Chapter13＞
■Sec100
flower1.jpg（©Lydie　https://www.flickr.com/photos/simply_lydie/8556318194/in/faves-132182152@N03//）
flower2.jpg（©Cicely Miller　https://www.flickr.com/photos/53343503@N05/4973607574/in/faves-132182152@N03/）

Special Thanks（イラスト）：青木 進（sin）

本書をお読みになる前に

●本書に記載された内容は、情報の提供のみを目的としています。したがって、本書を用いた運用は、必ずお客様自身の責任と判断によって行ってください。ソフトウェアの操作や掲載されているプログラム等の実行結果など、これらの運用の結果について、技術評論社および著者、サービス提供者はいかなる責任も負いません。

●本書記載の情報は、2018年5月現在のものを掲載しています。ご利用時には変更されている場合もあります。ソフトウェア等はバージョンアップされる場合があり、本書での説明とは機能内容や画面図などが異なってしまうこともあり得ます。本書ご購入の前に、必ずバージョン番号をご確認ください。

●本書の内容は、以下の環境で動作を検証しています。

Adobe Illustrator CC 2018
Windows 10 Home
macOS High Sierra

●ショートカットキーの表記は、Windows版Illustratorのものを記載しています。macOS版Illustratorで異なるキーを使用する場合は、（）内に補足で記載しています。

以上の注意事項をご承諾いただいた上で、本書をご利用願います。これらの注意事項をお読みいただかずにお問い合わせいただいても、技術評論社および著者、サービス提供者は対処しかねます。あらかじめ、ご承知おきください。

■本文中の会社名、製品名は各社の商標、登録商標です。また、本文中ではTMや®などの表記を省略しています。

はじめに

私は、アドビ認定インストラクターとして、みなさんがこれから学習する IllustratorをはじめとしたAdobe製品の研修講師をしています。これまでたくさんの受講者の方々にお会いしてきました。Illustratorを使えるようになりたい動機は、人それぞれです。Illustratorが使えるようになると、グラフィックパーツ・ロゴ・マップなどの作成や、チラシやバナーなどのレイアウトができるようになります。さまざまな表現ができる高機能で使っていて楽しい魅力的なソフトです。

Illustratorは、デザインの現場でスタンダードソフトとして使われていて、"デザイナーが使う専門性が高いソフト"という印象が強かったですが、今は、デザインの現場に限らず、仕事や趣味などで個人が自由に使える機会が増え、敷居も下がってきたように思います。

そんな中、私は、Illustratorを使えるようになりたいたくさんの人達にとって、Illustratorを「楽しく便利で身近なものに」感じていただけるように、日々、勉強・研究を重ねております。

本書は、これからIllustratorをはじめる入門者に向けて、今すぐ使えそうな基本かつ定番機能を、できるだけ「かんたん」にまとめたものです。また、総合演習として、作品制作も盛り込みました。最初から読み進めて、手を動かしながら慣れていきましょう。慣れてきたら、目的別にピックアップして読むのもよいでしょう。総合演習にもチャレンジして、ぜひ成果を実感してください。

本書がみなさんのIllustratorの学習において、お役に立てば嬉しいです。みなさんにとって、Illustratorが楽しく便利で身近なものになりますように。

2018年6月　まきの ゆみ

本書の使い方

本書は、Adobe Illustrator CCの使い方を解説した書籍です。
本書の各セクションでは、画面を使った操作の手順を追うだけで、Illustrator CCの各機能の使い方がわかるようになっています。操作の流れに番号を付けて示すことで、操作手順を追いやすくしてあります。

サンプルファイルのダウンロード

本書で使用しているサンプルファイルは、以下のURLのサポートページからダウンロードすることができます。ダウンロードしたときは圧縮ファイルの状態なので、展開してから使用してください。

```
http://gihyo.jp/book/2018/978-4-7741-9837-8/support
```

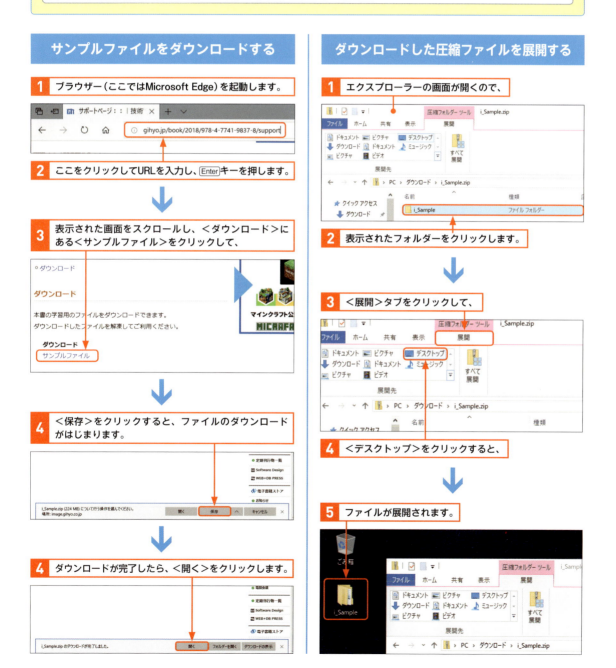

目 次

Chapter 1 Illustratorの利用環境を整えよう

Section 001　Illustratorでできること ……………………………………………… 12

Section 002　Adobe IDの取得 …………………………………………………… 14

Section 003　Illustratorのインストール ………………………………………… 16

Section 004　Illustratorの起動と終了 …………………………………………… 20

Section 005　Illustratorの画面構成 ……………………………………………… 22

Section 006　ツールパネルを操作する …………………………………………… 24

Section 007　パネルを操作する …………………………………………………… 32

Chapter 2 Illustratorの基本操作を身に付けよう

Section 008　デジタル画像の基礎知識 …………………………………………… 38

Section 009　カラーモード ………………………………………………………… 40

Section 010　ドキュメントを開く・閉じる ……………………………………… 42

Section 011　画面を拡大・縮小、移動する ……………………………………… 44

Section 012　表示モードを変更する ……………………………………………… 48

Section 013　ドキュメントを作成する …………………………………………… 50

Section 014　ドキュメントを保存する …………………………………………… 52

Section 015　アートボードを編集する …………………………………………… 56

Section 016　ドキュメントを印刷する …………………………………………… 58

Chapter 3 オブジェクトを操作できるようになろう

Section 017　オブジェクトを選択する …………………………………………… 62

Section 018　似た属性のオブジェクトを選択する ……………………………… 64

Section 019　オブジェクトを移動・コピーする ………………………………… 66

Section 020　バウンディングボックスでオブジェクトを変形する …………… 70

Section 021　オブジェクトを整列する …………………………………………… 72

006

CONTENTS

Section **022** オブジェクトの重ね順を変える ……………………………… 76

Chapter **4** オブジェクトを描画できるようになろう

Section **023** パスの構造 …………………………………………………… 80
Section **024** 基本的な図形を描画する …………………………………… 82
Section **025** 直線を描画する ……………………………………………… 88
Section **026** フリーハンドで曲線を描画する …………………………… 90
Section **027** ドラッグした軌跡のクローズパスを描画する ………… 92
Section **028** オブジェクトの一部を消す ………………………………… 94
Section **029** オブジェクトを切断する …………………………………… 96
Section **030** パスを連結する ……………………………………………… 98

Chapter **5** オブジェクトの配色と線の設定を使いこなそう

Section **031** 塗りと線を設定する ………………………………………… 102
Section **032** 色を作成する ………………………………………………… 104
Section **033** 作成した色を登録する ……………………………………… 106
Section **034** 破線を作成する ……………………………………………… 108
Section **035** 矢印を作成する ……………………………………………… 110
Section **036** 線に強弱を付ける …………………………………………… 112
Section **037** グラデーションを作成する ………………………………… 114
Section **038** グラデーションを編集する ………………………………… 118
Section **039** グラデーションでオブジェクトに立体感を出す ……… 120
Section **040** パターンを作成する ………………………………………… 122
Section **041** パターンを変形する ………………………………………… 126
Section **042** スウォッチライブラリを活用する ……………………… 130
Section **043** オブジェクトの配色を変更する ………………………… 132

007

目　次

Section 044 カラーガイドを活用して新しいカラーグループを作成する … 134

Section 045 オブジェクトに透明度を設定する … 136

Section 046 ライブペイントでオブジェクトを塗り分ける … 138

Chapter 6 オブジェクトの変形方法を学ぼう

Section 047 アンカーポイントやセグメントを編集する … 144

Section 048 オブジェクトのサイズや角度を変更する … 146

Section 049 角丸長方形の角を変更する … 148

Section 050 複数のオブジェクトを組み合わせて別の形にする … 150

Section 051 オブジェクトを拡大・縮小して幾何学図形をつくる … 154

Section 052 オブジェクトを回転して花をつくる … 156

Section 053 オブジェクトを反転して映り込みをつくる … 158

Section 054 オブジェクトを自由に変形する … 160

Chapter 7 ペンツールを使ってオブジェクトを描画しよう

Section 055 ペンツールによる描画 … 164

Section 056 直線（オープンパス）を描く … 166

Section 057 直線で単純な図形を描く（クローズパス） … 168

Section 058 曲線を描く … 170

Section 059 直線と曲線の連続した線を描く … 172

Section 060 曲線と曲線の連続した線を描く … 174

Section 061 アンカーポイントを追加・削除する … 176

Section 062 アンカーポイントを切り替える … 178

Section 063 イラストをトレースする … 180

CONTENTS

Chapter 8 レイヤーを使いこなそう

Section 064 レイヤーとは …………………………………………… 186
Section 065 レイヤーを表示／非表示、ロックする ……………… 188
Section 066 レイヤーやオブジェクトを移動する ………………… 190
Section 067 レイヤーを作成する ………………………………… 192
Section 068 レイヤー構造を保持して別のドキュメントで活用する … 194
Section 069 地図を作成する ……………………………………… 196

Chapter 9 文字を入力・編集しよう

Section 070 文字の入力方法 ……………………………………… 200
Section 071 文字の種類やサイズなどを設定する ………………… 202
Section 072 段落を読みやすく調整する ………………………… 206
Section 073 段組を設定して文章を読みやすくする ……………… 208
Section 074 スレッドテキストを作成する ……………………… 210
Section 075 字形パネルを活用して異体字を表示する …………… 212
Section 076 テキストをアウトライン化してロゴマークを作成する … 214

Chapter 10 効果・アピアランス・グラフィックスタイルを使おう

Section 077 オブジェクトを膨張・収縮させて花や光の形にする …… 218
Section 078 オブジェクトに影を付ける ………………………… 220
Section 079 オブジェクトの形をワープでゆがめる ……………… 222
Section 080 オブジェクトをジグザグにする …………………… 224
Section 081 塗りを追加して複雑な模様をつくる ………………… 226
Section 082 線を追加する ………………………………………… 228
Section 083 作成したアピアランスを登録して活用する ………… 230

009

目　次

Section 084 アピアランスを抽出・適用する 232

Chapter 11 シンボル・ブレンド・ブラシを使おう

Section 085 シンボルとインスタンス 236
Section 086 シンボルを編集する 238
Section 087 インスタンスのサイズや位置を変更する 240
Section 088 ブレンドを作成する 244
Section 089 ブレンドの色や軸の向きを変更する 246
Section 090 ブレンド軸を別のパスに置き換える 248
Section 091 ブラシを活用する 250
Section 092 カリグラフィブラシを作成する 252
Section 093 散布ブラシを作成する 254
Section 094 アートブラシを作成する 256
Section 095 パターンブラシを作成する 258

Chapter 12 表とグラフを作ってみよう

Section 096 表を作成する 262
Section 097 文字の位置を揃える 264
Section 098 円グラフを作成する 266
Section 099 棒グラフを作成する 270

Chapter 13 総合演習

Section 100 ポストカードを作成する 276

索引 286

Chapter 1

Illustratorの利用環境を整えよう

ここでは、Illustratorでどんなことができるかを確認しましょう。また、Adobe ID（アカウント）の取得やIllustratorのインストール方法など、Illustratorの利用環境を整える方法を紹介します。利用環境が整ったら、Illustratorを起動し、画面構成を確認しましょう。

Section

1 Illustratorでできること

キーワード
- ベクトル系
- イラスト描画
- レイアウト

Adobe Illustratorは、グラフィックデザインやWebデザインなどで使用されるベクトル系アプリケーションソフトです。イラストの描画やレイアウトを中心としたさまざまな機能が豊富に搭載されています。

Adobe Illustratorとは

Adobe Illustrator（以下Illustrator）は、グラフィックデザインやWebデザインなどで使用されるAdobe Systems（以下Adobe社）が開発したベクトル系（ベクトル形式の画像を扱う）アプリケーションソフトです。イラストの描画やレイアウトを中心としたさまざまな機能が豊富に搭載されており、複雑なグラフィックを手軽に作成することができます。

また、PhotoshopやInDesign、Dreamweaverなど、Adobe社のほかのソフトとの連携も取りやすく、デザイン分野では、これらのソフトを組み合わせて効率よくデザインを行うこともできます。

ここでは、Illustratorでどんなことができるかを、ダイジェストで見てみましょう。

さまざまなツールやパネルが用意されている

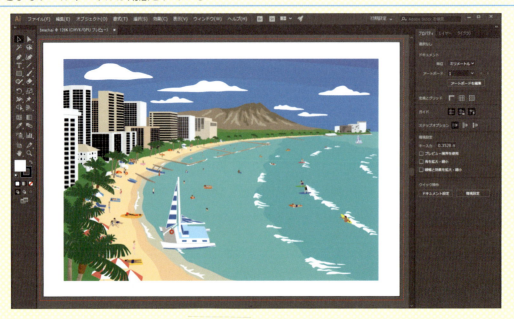

イラストの描画ができる

Illustratorで作成したイラストは、点を線でつないだ**パス**でできています（P.80）。これらの点と線を動かして、思い通りのイラストに編集することができます。このような画像のことをベクトル画像といい、解像度に依存せず、画像を拡大・縮小しても劣化しません。このような特徴を活かし、ロゴマークや地図の作図などで幅広く利用されています。また、作成したグラフィックは、InDesignやDreamweaverで、リンク画像として取り込むことができます。

ペンツールを使った描画（P.163）

ライブペイントツールを使った描画（P.138）

印刷物やWeb素材のレイアウトができる

Illustratorは、チラシや名刺などの印刷物や、バナーなどのWeb素材のレイアウトも得意です。完成したデータを、印刷会社への入稿データとして整理したり、Webにアップロードするためのファイルの書き出したりといった機能も充実しています。

ポストカード（P.276）

地図（P.196）

Section 2 Adobe IDの取得

キーワード
- Adobe Creative Cloud
- Adobe ID
- アカウントの取得

IllustratorをはじめとしたAdobe製品を購入・利用するには、Adobeへの会員登録が必要です。AdobeのWebサイトで会員登録を行ってAdobe IDを取得すると、製品の購入や体験版のダウンロードなどができます。

Adobe Creative Cloudとは

Adobe製のさまざまなアプリケーションソフトは、Adobe Creative Cloudというサービスを利用してダウンロードします。以前は、店頭などでパッケージ製品を比較的高価な価格で購入するスタイルでしたが、現在は、クラウドを利用して、より幅広い人々が利用しやすい環境が整ってきています。まずは、Adobeのサイト（https://www.adobe.com/jp）にアクセスしてみましょう。気軽に試せる体験版（7日間無料）も用意されています。

アプリケーションソフトを利用するには、最初にAdobe IDと呼ばれるアカウントを取得する必要があります。取得したIDにより、Adobe Creative Cloudのさまざまなサービスの管理を行うことができます。

Adobe ID（アカウント）を取得する

1 Webサイトにアクセスする

AdobeのWebサイト（https://www.adobe.com/jp）にアクセスします。ログインをクリックします❶。

2 Adobe IDを取得する

ログイン画面に移動します。＜Adobe IDを取得＞をクリックします❶。

Memo　すでにAdobe IDがある場合

すでにAdobe IDを持っている場合は、電子メールアドレスとパスワードを入力してログインしましょう。

3 必要事項を入力する

入力画面が表示されるので、氏名とフリガナ、メールアドレスと希望するパスワードを入力します❶。生年月日を設定し❷、＜Adobe IDを取得＞をクリックします❸。

Hint　パスワードの要件

パスワードの入力欄をクリックすると、有効なパスワードの要件が表示されます。要件を満たさないパスワードを入力すると入力欄の枠が赤くなり、エラーとなります。

4 Adobe IDが取得できた

登録したメールアドレスに確認のメールが届くので、＜電子メールを確認＞をクリックすると、Adobe IDの取得が完了し、ログインされた状態の画面に切り替わります。画面左にはユーザー名が表示されています。

Chapter 1　Illustratorの利用環境を整えよう

015

Section

3 Illustratorのインストール

キーワード
- Adobe Creative Cloud
- Adobe ID
- インストール

Illustratorをインストールしてはじめてみましょう。Adobe Creative Cloudから、さまざまなアプリケーションをダウンロードして利用することができます。ここでは、その手順を見ていきましょう。

Chapter 1 Illustratorの利用環境を整えよう

Creative Cloudのプランについて

Illustratorには、製品版と体験版があります。どんなソフトなのか試してみたい場合は、体験版をインストールして使ってみてもよいでしょう。

また、製品版には、さまざまなプランが用意されています。**コンプリートプラン**は、Creative Cloudのすべてのアプリが利用でき、**単体プラン**は、特定のアプリを単体で利用できます。また、写真に特化した**フォトプラン**や、画像やテンプレートなどを提供するサービス**Adobe Stock**などがあります。目的に応じて適したプランを選択して利用しましょう。

なお、Creative Cloudアプリを利用すると、すべてのアプリを一括で管理でき、インストールやアップデートがすばやく行えます。

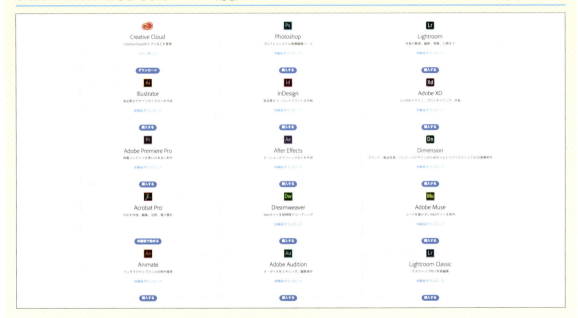

Creative Cloudにはさまざまなアプリが用意されており、コンプリートプランはこれらすべてを利用できる

016

Illustratorをインストールする

1 メニューを表示する

画面左端の＜CREATIVE CLOUD＞の＜デスクトップ＞をクリックします❶。

2 購入ボタンをクリックする

＜デスクトップアプリ＞の画面に切り替わり、すべてのアプリケーションの情報が見られます。Illustratorの＜購入する＞をクリックします❶。

3 プランを選択する

プランの選択画面が表示されます。ここでは「単体プラン」を利用するので、＜単体プラン＞の下にある契約プラン（ここでは＜年間プラン（月々払い）＞）を選択し❶、＜購入する＞をクリックします❷。

Hint 契約プランの違い

契約プランには、1年間の契約で料金を毎月支払う「年間プラン（月々払い）」、1年間の契約で料金を一括で支払う「年間プラン（一括払い）」、月ごとに契約を更新する「月々払い」の3種類があります。長期間利用するなら、年間プランのほうが料金が少し安くなります。なお、年間プラン（一括払い）のみ、銀行振込およびコンビニエンスストアでの支払いが可能です。

Chapter 1　Illustratorの利用環境を整えよう

4 支払い情報を登録する

支払い方法（ここでは「クレジットカード」を選択し❶、名前、フリガナ、カード番号、カードの有効期限、郵便番号を入力します❷。内容を確認して＜注文する＞をクリックします❸。

Hint 支払い方法の変更

ここでは手順❸で「年間プラン（月々払い）」を選択しているので、支払い方法は自動的に「クレジットカード」になります。契約プランが「年間プラン（一括払い）」の場合のみ、支払い方法をクリックして選択できます。

5 注文が完了した

注文が完了し、確認のメールが登録したメールアドレスに送信されます。アプリケーションをインストールするため、＜今すぐ始める＞をクリックします❶。

Hint 価格について

キャンペーン中など、価格が安くなる場合もあります。通常、年間プラン（月々払い）は月2,180円（税別）です。

6 ダウンロードを開始する

Illustratorの経験や利用目的、利用環境の項目を選択し❶、＜続行＞をクリックすると❷、Illustratorのインストーラーのダウンロードを開始します。ダウンロードが完了したら、ファイルをダブルクリックして開き、手順に沿ってインストールを進めます。

Creative Cloudアプリを利用する

1 Creative Cloudをダウンロードする

P.17の手順2の画面で、Creative Cloudの＜ダウンロード＞をクリックします❶。

2 Creative Cloudをインストールする

ダウンロード画面が表示されます。P.18手順6を参考にCreative Cloudの経験や利用目的などを選択し❶、＜続行＞をクリックすると❷、Creative Cloudがダウンロードされます。ダウンロードされたファイルをクリックし、手順に従ってアプリケーションをインストールします。

3 Creative Cloudにログインする

P.20手順1を参考にアプリケーションを起動します。ログイン画面が表示されるので、Adobe IDとパスワードを入力し❶、＜ログイン＞をクリックします❷。

4 マイアプリを確認する

＜Apps＞をクリックすると❶、利用できるアプリケーションとサービスが一覧に表示されます。ここからインストール済みのアプリケーションを起動したり、新しくアプリケーションをインストールしたりできます。更新のあったアプリケーションもここで通知されます。

Section

4 Illustratorの起動と終了

キーワード
- 起動
- 終了
- ＜スタート＞ワークスペース

ここでは、Illustratorの起動と終了の方法を確認します。起動と終了は、常に行う操作です。タスクバーやDockから簡単に起動できるようにしたり、ショートカットを利用したりしてみましょう。

Chapter 1　Illustratorの利用環境を整えよう

Illustratorを起動する（Windows）

1 Illustratorを起動する

スタートメニューをクリックし❶、＜Adobe Illustrator CC 2018＞をクリックします❷。

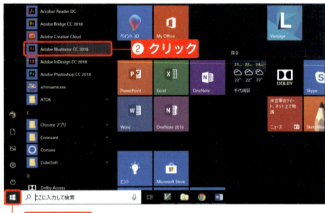

2 Illustratorが起動した

Illustratorが起動します。初期設定では＜スタート＞ワークスペースが表示されます。

Hint ワークスペースの変更

Illustratorをはじめて起動したときは、右図のように何もない＜スタート＞ワークスペースが表示されます。以降は、過去に開いた画像の履歴が表示されます。新規ドキュメントを作成するにはP.50を、ドキュメントを開くにはP.42を参照してください。

Illustratorが起動した

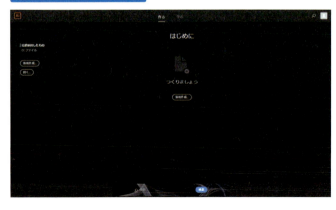

Illustratorを終了する

1 Illustratorを終了する

メニューバーの＜ファイル＞をクリックし❶、＜終了＞をクリックして❷、Illustratorを終了します。

Hint 開いているファイルの保存

作業の途中で終了しようとすると、ファイルの保存を確認するダイアログボックスが表示されます。必要に応じてファイルを保存（P.52）しましょう。

StepUp タスクバーにピン留めする（Windowsのみ）

Windows 10やWindows 8.1では、Illustratorをタスクバーにピン留めしておくと、より簡単にIllustratorを起動できるようになります。起動時にタスクバーに表示されるIllustratorアイコンを右クリックし❶、表示されるリストから＜タスクバーにピン留めする＞をクリックします❷。以降は、タスクバーのアイコンをクリックするだけで、すばやく起動できるようになります。

Illustratorを起動／終了する（Mac）

1 Illustratorを起動する

Finderのサイドバーから＜アプリケーション＞をクリックし❶、＜Adobe Illustrator CC2018＞→＜Adobe Illustrator CC 2018＞をダブルクリックすると❷、Illustratorが起動します。

2 Illustratorを終了する

メニューバーの＜Illustrator CC＞をクリックし❶、＜Illustratorを終了＞をクリックすると❷、アプリケーションを終了します。

Section

5 | Illustratorの画面構成

キーワード
- ワークスペース
- 初期設定をリセット
- ツールパネル

ここでは、Illustratorでファイルを表示したときの画面構成について確認します。よく使う各部の名称を覚えましょう。ワークスペース（画面構成）は、リセットして整えたり、作業目的に応じて、ワークスペースを切り替えることができます。

Chapter 1　Illustratorの利用環境を整えよう

Illustratorの画面構成

❶	メニューバー	ファイルを開く、アプリケーションを終了するなど、さまざまなコマンドを実行します
❷	ツールパネル	作業をする際に使用するツール（道具）が格納されています
❸	パネル	編集機能がまとめられたウィンドウです
❹	ドキュメントタブ	ファイル名やカラーモードが表示されます。複数のファイルを開いている場合、クリックして、表示するファイルを切り替えることができます
❺	アートボード	オブジェクトの描画や配置をする印刷可能領域です
❻	裁ち落とし線	裁ち落とし（P.279）位置を示す赤い線です。アートボードを制作する印刷物の仕上がりサイズとして使う場合に利用します。

ワークスペースのリセット

1 ワークスペースをリセットする

作業中に乱雑になったパネルを整えるには、ワークスペース（画面構成）のリセットが便利です。メニューバーの＜ウィンドウ＞をクリックし❶、＜ワークスペース＞→＜○○をリセット＞をクリックします❷。ここでは、事前に＜初期設定＞ワークスペースを設定していたので、＜初期設定をリセット＞を選択します。

2 ワークスペースがリセットされた

ワークスペースがリセットされ、乱雑になったパネルが整いました。

StepUp さまざまなワークスペース（画面構成）

ワークスペースとは、パネルやウインドウなどの画面構成のことで、目的別にさまざまなワークスペースに切り替えることができます。本書では、＜初期設定＞ワークスペースで解説しますが、別のワークスペースに切り替えて、パネルの並びがどのように変わるか見てみましょう。

Section 6 ツールパネルを操作する

キーワード
- ツールパネル
- ツールの切り替え
- スクリーンモード

ツールパネルには、ペン、ブラシ、消しゴムなど、実際にある文房具や画材をシミュレートしたツールが豊富に用意されています。役割別にグループにまとまっているので、目的のツールを探すときの目安にしましょう。

ツールパネルの各部名称と基本操作

画面左側に表示されるツールパネルには、作業で使用するさまざまなツールが豊富に用意されています。たくさんありますが、大きく分けると、以下の6つに分かれています。

❶ 選択系　❷ 描画系
❸ 変形系　❹ 調整系
❺ 特殊系　❻ 画面表示・ドキュメント系

ツールパネルの ≫ をクリックすると❶、一列表示と二列表示を切り替えることができます。

アイコンの右下に ◢ があるツールを長押しすると❷、後ろに隠れているほかのツールが表示されます。

さらに、右端の ▶ をクリックすると❸、これらのツールグループを独立したウィンドウとしてツールパネルから切り離すことができます。切り離したツールグループは、✕ をクリックすると閉じます。

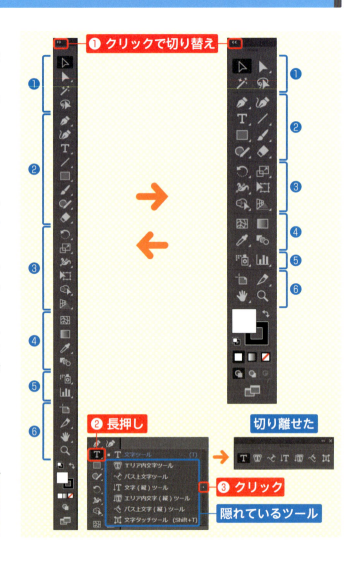

❶ クリックで切り替え
❷ 長押し
❸ クリック
切り離せた
隠れているツール

Hint 隠れているツールの切り替え

ツールアイコンを、Alt キー（option）を押しながらクリックすると、隠れているツールに順次切り替えることができます。

ツール一覧

❶選択系のツール

グループ	ツール名	役割
Ⓐ	選択	オブジェクト全体を選択します
Ⓑ	ダイレクト選択	オブジェクトのアンカーポイント (P.80) やセグメント (P.80) を選択します
	グループ選択	グループ内のオブジェクトやグループを選択します
Ⓒ	自動選択	共通する属性を持つオブジェクトを選択します
Ⓓ	なげなわ	オブジェクトのアンカーポイントやセグメントを選択します

❷描画系のツール

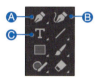  

グループ	ツール名	役割
Ⓐ	ペン	直線や曲線を描画します
	アンカーポイントの追加	パスにアンカーポイント (P.80) を追加します
	アンカーポイントの削除	パスからアンカーポイントを削除します
	アンカーポイント	アンカーポイントを切り替えます（スムーズポイント⇔コーナーポイント）
Ⓑ	曲線	クリックして曲線を描画します
Ⓒ	文字	横書きの文字列やテキストエリアを作成・編集します
	エリア内文字	クローズパス (P.80) を横書きのテキストエリア (P.201) に変換し、そのエリア内にテキストを入力・編集します
	パス上文字	パスを横書きのテキスト入力用のパスに変換し、そのパスに沿ってテキストを入力・編集します
	文字（縦）	縦書きの文字列やテキストエリアを作成・編集します
	エリア内文字（縦）	クローズパスを縦書きのテキストエリアに変換し、そのエリア内にテキストを入力・編集します
	パス上文字（縦）	パスを縦書きのテキスト入力用のパスに変換し、そのパスに沿ってテキストを入力・編集します
	文字タッチ	テキストの形状を変形します

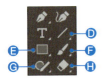

グループ	ツール名	役割
D	直線	直線を描画します
	円弧	円弧を描画します
	スパイラル	らせんを描画します
	長方形グリッド	長方形のグリッドを描画します
	同心円グリッド	同心円のグリッドを描画します
E	長方形	長方形を描画します
	角丸長方形	角丸長方形を描画します
	楕円形	楕円形を描画します
	多角形	多角形を描画します
	スター	スター（星）を描画します
	フレア	フレア（レンズや太陽の光に似た効果）を描画します
F	ブラシ	さまざまなタッチの線を描画します
	塗りブラシ	ドラッグしたストローク（軌跡）のクローズパスを描画します
G	Shaper（CCのみ）	おおまかに描画した形をパスに変換します
	鉛筆	ドラッグしたストローク（軌跡）のパスを描画します
	スムーズ	パスを滑らかにします
	パス消しゴム	パスやアンカーポイントを消去します
	連結（CCのみ）	パスを連結します
H	消しゴム	ドラッグしたオブジェクトの領域を消去します
	はさみ	クリックしてパスを切断します
	ナイフ	ドラッグしてパスを切断します

❸変形系のツール

グループ	ツール名		役割
Ⓐ	回転		オブジェクトを回転します
	リフレクト		オブジェクトを反転します
Ⓑ	拡大・縮小		オブジェクトを拡大・縮小します
	シアー		オブジェクトをゆがませます
	リシェイプ		パスのすべての詳細を維持して、選択したアンカーポイントを調整します
Ⓒ	リキッドツール	線幅	可変線幅の線を作成します
		ワープ	オブジェクトを粘土のように伸ばします
		うねり	オブジェクトを旋回して変形します
		収縮	オブジェクトを収縮します
		膨張	オブジェクトを膨張させます
		ひだ	オブジェクトに細かい滑らかな曲線をランダムに追加します
		クラウン	オブジェクトに先の尖ったディティールをランダムに追加します
		リンクル	オブジェクトに細かいしわのような効果を追加します
Ⓓ	パペットワープ（CCのみ）		オブジェクトを自然に見えるような形にゆがませます
	自由変形		オブジェクトを拡大・縮小／回転／ゆがませます
Ⓔ	シェイプ形成		単純なシェイプを結合して、複雑なシェイプを作成します
	ライブペイント		ライブペイントグループの面および輪郭線をペイントします
	ライブペイント選択		ライブペイントグループの面および輪郭線を選択します
Ⓕ	遠近グリッド		遠近描画でアートワークを作成します
	遠近図形選択		作成済みのオブジェクトを遠近描画したり、遠近描画したオブジェクトを移動します

❹調整系のツール

グループ	ツール名	役割
Ⓐ	メッシュ	オブジェクトにメッシュを作成します
Ⓑ	グラデーション	オブジェクトにグラデーションを適用します
Ⓒ	スポイト	オブジェクトのアピアランス属性や書式属性を抽出し、適用します
	ものさし	オブジェクトの2点間の距離を測ります
Ⓓ	ブレンド	複数のオブジェクト間で、色と形を変化させた一連のオブジェクトを作成します

❺ 特殊系のツール

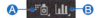  

グループ	ツール名		役割
Ⓐ	シンボルツール	シンボルスプレー	複数のシンボルのインスタンス(P.236)を、シンボルセットとして配置します
		シンボルシフト	シンボルのインスタンスを移動したり、重なり順を変更します
		シンボルスクランチ	シンボルのインスタンスを集中または拡散するように移動します
		シンボルリサイズ	シンボルのインスタンスのサイズを変更します
		シンボルスピン	シンボルのインスタンスを回転します
		シンボルステイン	シンボルのインスタンスに色を付けます
		シンボルスクリーン	シンボルのインスタンスに透明を適用します
		シンボルスタイル	シンボルのインスタンスにグラフィックスタイルを適用します
Ⓑ	グラフツール	棒グラフ	垂直の棒を使用して、値を比較するグラフを作成します
		積み上げ棒グラフ	垂直に積み上げた棒グラフを作成します。全体に対する割合を示す場合に便利です
		横向き棒グラフ	水平の棒を使用して、値を比較するグラフを作成します
		横向き積み上げ棒グラフ	水平に積み上げた棒グラフを作成します。全体に対する割合を示す場合に便利です
		折れ線グラフ	点を使用して、値の変動を表すグラフを作成します
		階層グラフ	折れ線グラフのような値の変動を表し、合計を強調するグラフを作成します
		散布図	X軸とY軸の座標値でデータポイントを示すグラフを作成します
		円グラフ	円形のグラフを作成します
		レーダーチャート	ある時点または特定のカテゴリの値のみを比較して、円形で表示するグラフを作成します

❻ 画面表示・ドキュメント系のツール

グループ	ツール名	役割
Ⓐ	アートボード	アートボード(P.56)を作成・編集します
Ⓑ	スライス	Web用にアートワークを複数の画像に分割します
	スライス選択	Webスライスを選択します
Ⓒ	手のひら	表示位置を移動します
	プリント分割	プリントするアートワークの位置を指定します
Ⓓ	ズーム	表示倍率を調整します

カラーの設定

カラー選択ボックスには、現在選択されている2つの色が表示されています。□の色がオブジェクトの面に使われる**塗り**、■の色がオブジェクトの輪郭線に使われる**線**です。初期状態では塗りは白、線は黒に設定されています。

それぞれのボックスをダブルクリックすると、カラーピッカーが表示され、任意の色に変更できます。

カラーピッカーが表示された

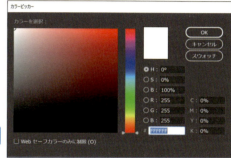

機能	役割
❶塗り	オブジェクトの面の色を設定します。 ボックスの上をダブルクリックして、カラーピッカーで色を設定できます
❷線	オブジェクトの輪郭線の色を設定します。 ボックスの上をダブルクリックして、カラーピッカーで色を設定できます
❸塗りと線を入れ替え	塗りと線の色を入れ替えます
❹初期設定の塗りと線	塗りと線を初期設定に戻します（塗り=白、線=黒）
❺カラー	カラーを適用します
❻グラデーション	グラデーションを適用します
❼なし	なし（透明）にします

StepUp 塗りと線に関するショートカット

塗りと線に関する操作は、作業をする上で頻繁に行います。慣れてきたら、ぜひショートカットを活用しましょう。スピーディーに効率よく作業ができるようになります。ショートカットは、該当するアイコンの上にマウスポインターを合わせると表示されます。
❶塗りと線の前後を入れ替え ⋯ [X]
❷塗りと線の色を入れ替え ⋯⋯ [Shift]+[X]
❸色をなしにする ⋯⋯⋯⋯⋯⋯⋯ [/]
❹初期設定の塗りと線 ⋯⋯⋯⋯ [D]

オブジェクトの重ね順の設定

同じレイヤー（P.186）内では、後に描いたオブジェクトほど前面に配置される仕組みになっています（P.76）が、事前にオブジェクトの重ね順を設定して描画すると、❶オブジェクトを前面に配置するか（**標準描画**）、❷背面に配置するか（**背面描画**）を決めることができます。また、❸**内側描画**を使うと、先に描画したオブジェクトの内側に、後に描画したオブジェクトが表示されます。

通常は、標準描画が選択された状態でオブジェクトを描画します。オブジェクトを描画後に、重ね順を変更することもできます（P.76）。

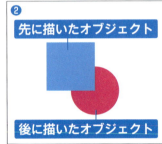

機能	役割
❶標準描画	後に描いたオブジェクトが前面になるよう描画します。 通常は、標準描画で作業をします
❷背面描画	後に描いたオブジェクトが背面になるよう描画します
❸内側描画	先に描いたオブジェクトを選択して、続けてオブジェクトを描くと、後に描いたオブジェクトが先に描いたオブジェクトの内側に表示されます（先に描いたオブジェクトを選択しないと、内側描画は使えません）

Hint 内側描画の解除

内側描画は、クリッピングマスク（P.283）と同様の結果になります。内側描画を解除したい場合は、メニューバーの＜オブジェクト＞をクリックし、＜クリッピングマスク＞→＜解除＞をクリックします。解除後は、背面描画と同様の結果になります。

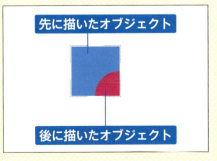

内側描画を解除
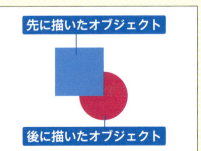

スクリーンモードの切り替え

<スクリーンモードを切り替え>ボタン では、ワークスペースの表示形式を切り替えることができます。ボタンをクリックして❶、任意のモードをクリックすると❷、画面の見た目が変わります。

機能	役割
スクリーンモードの切り替え	3種類のスクリーンモードを切り替えます

◎標準スクリーンモード
メニューバー、スクロールバーがある
初期設定のモードです。

◎メニュー付きフルスクリーンモード
ドキュメントタブとスクロールバーを非表示にし、
メニューバーを表示したモードです。

◎フルスクリーンモード
アートボードのみを表示します。
制作物の仕上がりを確認する際に便利です。
モードを解除するには、Escキーを押します。

Hint ショートカットで切り替える

Fキーを押すと、3つのスクリーンモードを、順次切り替えることができます。

Section 7 パネルを操作する

キーワード
- パネル
- ドック
- タブ

パネルは、画像を編集するための機能がまとめられたウィンドウです。アイコン形式でドックに収めることもできます。また、目的のパネルが表示されていない場合は、＜ウィンドウ＞メニューから表示します。

Chapter 1 Illustratorの利用環境を整えよう

パネルの各部名称と基本操作

パネルは、画像を編集するための機能がまとめられたウィンドウです。パネルの役割を整理して、よく使うものから覚えていきましょう。

いくつかのパネルは、まとまった**パネルグループ**になっています。複数のパネルおよびパネルグループの集合体を**ドック**といいます（パネルをまとめることを「ドッキング」といいます）。

■表示形式の切り替え

表示形式には、**アイコン表示**と**パネル表示**の2種類があります。

アイコン表示のときに、パネルの右上の ❮❮ をクリックすると❶、パネル表示に切り替わります。また、パネル表示の時、パネルの右上の ❯❯ をクリックすると❷、アイコン表示に切り替わります。

■パネルメニューの表示

パネル表示のとき、パネルの右上の ≡ をクリックすると❸、**パネルメニュー**を表示できます。パネルメニューには、パネルに関する設定が表示されます。

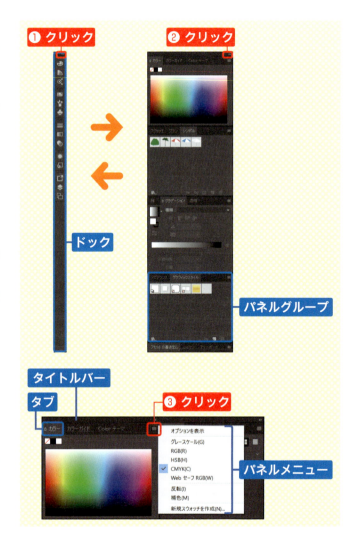

032

隠れているパネルを表示する

Illustrator CC 2018では、初期設定では＜プロパティ＞＜レイヤー＞＜ライブラリ＞の3つのパネルしか表示されなくなりました。使いたいパネルが表示されていない場合は、＜ウィンドウ＞メニューから表示します。

1 パネル名を選択する

メニューバーの＜ウィンドウ＞をクリックし❶、表示したいパネル名を選択します❷。

Hint パネル名のチェック

パネル名の左横にチェックが入っているものは、すでに表示されています。パネルグループの背面にあるパネルや、縮小されてタブのみが表示されているパネルには、チェックが入っていません。

Hint ライブラリとは

ライブラリとは、Illustratorに付属しているサンプルです。グラフィックスタイル、シンボル、スウォッチ、ブラシの4種類のライブラリがあり、それぞれテーマ別にさまざまなサンプルがあります。

Hint ドキュメントの切り替え

＜ウィンドウ＞メニュー一覧の最下部には、現在開いているドキュメント名が表示されます。ドキュメント名を選択してチェックを入れると、表示するドキュメントを切り替えることができます。

2 パネルが表示された

パネルが表示されました。タイトルバーをドラッグすると❶、パネルを任意の場所に移動できます。

パネルグループのパネルを切り替える

1 タブをクリックする

パネルグループにまとめられたパネルを切り替えるには、タブ（パネルの名称の部分）をクリックします❶。

2 パネルの前後が切り替わった

パネルが切り替わり、クリックしたパネルを利用できるようになります。

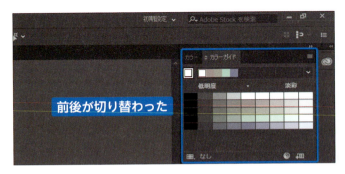

パネルを最小化・最大化する

1 タブをダブルクリックする

パネルのタブをダブルクリックします❶。

Hint パネルを最小化するメリット

パネルを最小化すると、作業スペースの節約になります。パネルを閉じるわけではないので、必要に応じてすぐに表示できます。

2 パネルを最小化できた

パネルを最小化できました。タブをダブルクリックするごとに、表示が変わります。

パネルをグループから切り離す（フローティング）

1 パネルを切り離す

パネルのタブを、パネルグループの外に向かってドラッグ＆ドロップします❶。

2 パネルを切り離せた

パネルを切り離せました。タイトルバーをドラッグすると❶、パネルを任意の場所に移動できます。

パネルをグループにまとめる（ドッキング）

1 パネルをまとめる

パネルのタブを、任意のパネルグループのタブの上に合わせ、青くハイライト表示されたら、ドラッグ＆ドロップします❶。

2 パネルがまとまった

パネルがまとまりました。

 ドックとドッキング

複数のパネルの集合体がドックで、パネルをまとめることをドッキングといいます。

主なパネル一覧

＜レイヤー＞
ドキュメントのレイヤー（P.186）を表示するパネルです。

＜スウォッチ＞
さまざまな色が登録されているパネルです。

＜カラー＞
色を作成するパネルです。

＜グラデーション＞
グラデーションを作成するパネルです。

＜線＞
線の設定をするパネルです。実線、破線、点線や矢印を作成できます。

＜アピアランス＞
オブジェクトのアピアランスを表示するパネルです。

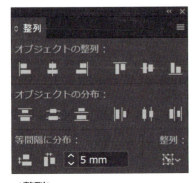

＜整列＞
オブジェクトの整列や分布を指定するパネルです。

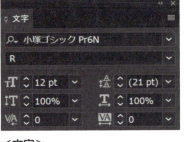

＜文字＞
文字の設定をするパネルです。

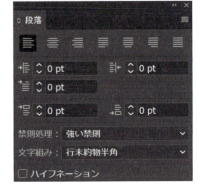

＜段落＞
段落の設定をするパネルです。

Chapter 2

Illustratorの基本操作を
身に付けよう

ここでは、Illustratorの基本操作を確認しましょう。ファイルや画面の操作、操作の取り消し・やり直し方法をきちんと身に付けることで、今後の作業が効率化します。

Section 8 デジタル画像の基礎知識

キーワード
- ベクトル画像
- ビットマップ画像
- 画像解像度

ここでは、デジタル画像がどのように構成されているか見てみましょう。Illustratorで主に扱うのは、パスで構成されたベクトル画像です。あわせて、ピクセルで構成されたビットマップ画像も比較してみましょう。

ベクトル画像の構造

下のイラストを拡大してみると、点と線で構成されていることがわかります。イラストを構成する点を**アンカーポイント**、線を**セグメント**、これらの集まりを**パス**といい、パスで構成された画像のことを、**ベクトル画像**といいます。Illustratorは、主にベクトル画像を扱うため、ベクトル系のソフトになります。

ベクトル画像は、**画像解像度(P.39)に依存しないため、拡大しても滑らかさを保ちます。**そのため、変形することが多いロゴマークや地図の作図でよく利用されます。

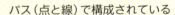

イラストを選択してみると…　　パス(点と線)で構成されている

Memo バウンディングボックスを非表示にして解説しています

バウンディングボックス(P.70)とは、オブジェクトを選択すると表示されるボックスで、オブジェクトを直感的に拡大・縮小、回転することができます。本書では基本的に、パスの構造がわかりやすいように、バウンディングボックスを非表示にしています。パスの構造を確認したり、不要な変形を防ぐには、非表示にして作業したほうがよいでしょう。

表示されている　　表示されていない

ビットマップ画像の構造

Illustratorで主に扱うのはベクトル画像ですが、Photoshopで主に扱うビットマップ画像を、レイアウトの際に配置することもできます。
画像を拡大してみると、複数の四角形（点）の集合で構成されていることがわかります。この四角形（点）を、**ピクセル**といい、ピクセルで構成された画像のことを、**ビットマップ画像（ラスター画像）**といいます。ビットマップ画像は、**画像解像度に依存するため、むやみに拡大すると画像が粗くなってしまう**ので注意が必要です。

画像を拡大してみると…

ピクセルで構成されている

StepUp　画像解像度

画像解像度とは画像のきめ細やかさのことで、1インチにいくつのピクセルが並んでいるかを表します。単位は、ppi（Pixel Per Inch）を使います。例えば、72ppiなら、1インチに72個のピクセルが並んでいることになります。
ピクセルで構成されるビットマップ画像は、画像解像度に依存するため、拡大すると画像のギザギザが目立ち、粗くなってしまいます❶。Illustratorのドキュメントに、ビットマップ画像を配置することはできますが、むやみに拡大しないようにしましょう。
それに対し、ベクトル画像には画像解像度という概念がありません。拡大しても滑らかさを保つことができるため❷、変形することが多いロゴマークや地図などの作成に向いています。
これらの特徴を理解しておくと、制作物の作成時に役立ちます。

ギザギザが目立つ

滑らかさを保つ

Section

9 カラーモード

キーワード
- カラーモード
- CMYK
- RGB

カラーモードとは、画像を表示したりプリントするときに、色の表現方法を定義するものです。例えば、紙に出力する印刷物とモニタに表示するバナーでは、カラーモードが異なるので、注意が必要です。

カラーモードとは、カラーを定義するもの

カラーモードとは、画像を表示したりプリントするときに、色の表現方法を定義するものです。
カラーモードは、ドキュメントタブのファイル名の右横の括弧内で確認できます。基本的に、新規ドキュメントを作成するときに、目的の制作物に応じて、カラーモードを決定します。
通常、**印刷物を作成する場合(紙など物理的なものに出力するもの)は、CMYKカラーを選択し、Web用の素材を作成する場合(モニターに出力するもの)は、RGBカラー**を選択します。
既存のドキュメントのカラーモードを変更するには、メニューバーの<ファイル>をクリックし❶、<ドキュメントのカラーモード>をクリックし❷、さらに目的のカラーモードをクリックします❸。

ドキュメントタブでカラーモードがわかる

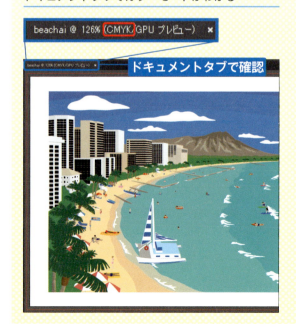

既存のドキュメントのカラーモードを変換する

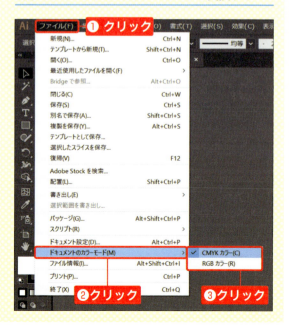

CMYKとRGBで色の見え方が変わる

カラーモードを変換すると、色の見え方が変わるので注意が必要です。特に、鮮やかな色味はCMYKカラーモードでは表現しにくいため、RGBカラーモードからCMYKカラーモードに変換した場合、がらりと色の見え方が変わり、くすんで見えることがあります。これは、CMYKカラーモードが、RGBカラーモードに対して、色を表現できる色域が狭いために起こる現象です。そのため、印刷物用のドキュメント以外は、むやみにCMYKカラーモードに変換しないようにしましょう。

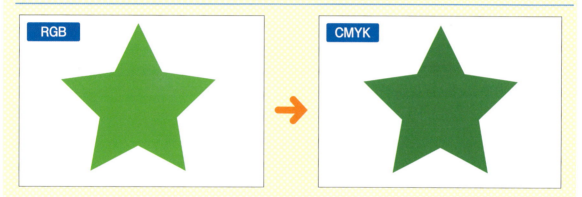

RGBカラーモードからCMYKカラーモードに変換すると、色の見え方が変わりやすい

CMYKとRGB

■CMYKカラー

印刷物など物理的な出力に利用されるカラーモードです。
C（シアン）・M（マゼンタ）・Y（イエロー）・K（黒）の4色を混合してカラーをつくります。それぞれ0〜100%の値が割り当てられます。色材の3原色であるCMYを混合すると、ブラックになりますが、純粋なブラックにはならないため、印刷物ではKを加えてカラーを作ります。すべての値が0で用紙の色（白い紙ならホワイト）に、すべての値が100でブラックになります。減法混色ともいいます。

■RGBカラー

Webページや映像などモニター出力に利用されるカラーモードです。
色光の3原色であるR（レッド）・G（グリーン）・B（ブルー）の3色を混合してカラーをつくります。それぞれ0（暗い）〜255（明るい）の256段階の値が割り当てられます。すべての値が0でブラックに、すべての値が255でホワイトに、すべての値が等しいとグレーになります。加法混色ともいいます。

Section

10 ドキュメントを開く・閉じる

キーワード
▶ 開く
▶ 閉じる
▶ ショートカットキー

ドキュメントを開いたり、閉じたりする操作は、作業をする上で頻繁に行います。効率よく操作できるようになりましょう。慣れてきたら、積極的にショートカットキーを使ってみましょう。

ドキュメントを開く

1 ファイルメニューを操作する

メニューバーの＜ファイル＞をクリックし❶、＜開く＞をクリックします❷。

2 ドキュメントを指定する

＜開く＞ダイアログボックスが表示されます。目的のドキュメントをクリックし❶、＜開く＞をクリックします❷。

Hint 複数のドキュメントを開く

複数のドキュメントを一度に開く場合は、Ctrlキー（command）を押しながらファイルをクリックして、複数選択します。

3 ドキュメントが開いた

指定したドキュメントが開きました。

Hint 全体表示にする

ドキュメントを全体表示にしたい場合は、＜手のひら＞ツールをダブルクリックします（P.47）。

ドキュメントを閉じる

1 ファイルメニューを操作する

メニューバーの＜ファイル＞をクリックし❶、＜閉じる＞をクリックします❷。

2 ドキュメントが閉じた

ドキュメントが閉じました。

Hint 終了後の画面表示

ドキュメントを閉じると、選択したワークスペースにかかわらず＜スタート＞ワークスペースのトップが表示されます。

Hint ドキュメントの保存

ドキュメントを閉じる際に、開いているファイルを保存するかどうかをたずねるダイアログボックスが出る場合があります。必要に応じて、ドキュメントを保存(P.52)しましょう。

＜スタート＞ワークスペースに最近開いたドキュメントが表示される

StepUp ドキュメントに関する操作のショートカットキー

より速く操作を行うには、ぜひショートカットキーを活用しましょう。効率よく作業ができるようになります。ショートカットキーは、メニュー項目の右に表示されています。

- ドキュメントを開く ・・・・・・・・・・・・ Ctrl+O (command+O)
- ドキュメントを閉じる ・・・・・・・・・・ Ctrl+W (command+W)
- 新規ドキュメントを作成する(P.50) ・・・ Ctrl+N (command+N)
- ドキュメントを保存する(P.52) ・・・・ Ctrl+S (command+S)

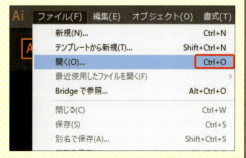

Section

11 画面を拡大・縮小、移動する

キーワード
- ズームツール
- 手のひらツール
- ナビゲーターパネル

画面を拡大・縮小するときは、＜ズーム＞ツールを使います。また、画面を移動するときは、＜手のひら＞ツールを使います。画面の拡大・縮小、移動ができる＜ナビゲーター＞パネルも便利です。

ズームツールで画面を拡大・縮小する

1 ズームツールを選択する

ツールパネルから＜ズーム＞ツールをクリックして選択します❶。

Hint 全体表示にする

ドキュメントを開いたとき、全体表示されていない場合は、＜手のひら＞ツールをダブルクリックします（P.47）。

2 画面を拡大する

画像の上にマウスポインターを合わせると、🔍が表示され、拡大モードになります。クリックすると❶、クリックした箇所を起点に拡大できます。ここでは3回クリックしました。

Hint ドラッグして拡大する

特定の範囲を一度で拡大するには、ドラッグして拡大範囲を指定します。＜GPUプレビュー＞モードの場合（P.48）、左にドラッグすると縮小、右にドラッグすると拡大できます（CCのみ）。

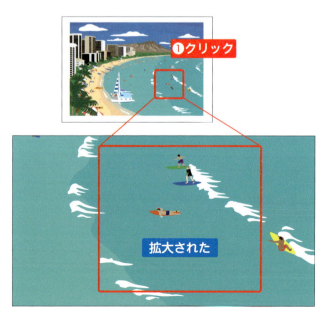

3 画面を縮小する

Alt (option) を押すと、マウスポインターの表示が 🔍 に変わり、縮小モードになります。クリックすると❶、クリックした箇所を起点に縮小できます。

手のひらツールで画面を移動する

1 手のひらツールを選択する

ツールパネルから＜手のひら＞ツールをクリックします❶。

2 ドラッグして移動する

画像の上にマウスポインターを合わせると、🖐 が表示され、移動モードになります。ドラッグすると❶、画面を移動できます。

ナビゲーターパネルで画面を拡大・縮小、移動する

1 ナビゲーターパネルを表示する

メニューバーの＜ウィンドウ＞をクリックし❶、＜ナビゲーター＞をクリックして❷、＜ナビゲーター＞パネルを表示します。

2 ナビゲーターパネルが表示された

＜ナビゲーター＞パネルが表示されました。画面上で表示されている範囲が、ビューボックス（パネル内の赤い枠線）に表示されます。

Hint ビューボックス

＜ナビゲーター＞パネル内の赤枠をビューボックスといいます。ビューボックスで囲まれた領域が、現在画面で表示されている領域と対応しています。

3 表示倍率を変更する

＜ナビゲーター＞パネルのズームアウトボタン をクリックすると縮小❶、ズームインボタン をクリックすると拡大できます❷。また、ズームテキストボックスには、表示倍率が表示され、数値を入力して❸指定することもできます。

4 画面を移動する

ビューボックス内にマウスポインターを合わせると、🖐 が表示されます。ドラッグしてビューボックスの位置を移動すると❶、画面上で表示される範囲も対応して変わります。

全体表示・100%表示に切り替える

1 全体表示に切り替える

＜手のひら＞ツールの上をダブルクリックすると❶、全体表示に切り替わります。

Memo 全体表示とは

全体表示とは、アートボード全体が見える状態です。モニタの種類により、全体表示の結果となる表示倍率は異なります。

2 100%表示に切り替える

＜ズーム＞ツールの上をダブルクリックすると❶、100%表示に切り替わります。

Hint 表示メニューを使う

＜表示＞メニューには、画面表示に関するコマンドが用意されています。＜アートボードを全体表示＞を選択すると全体表示になり、＜100％表示＞を選択すると100%表示になります。

Section 12 表示モードを変更する

キーワード
- GPUプレビュー
- CPUプレビュー
- アウトライン

通常の作業時に使う＜プレビュー＞モードは、アートワーク（ビジュアルを構成するオブジェクトの集合）に色が付いている状態、＜アウトライン＞モードは、線画のみの状態です。必要に応じて、2つのモードを切り替えましょう。

プレビューモードからアウトラインモードにする

1 アウトラインモードにする

＜表示＞メニューをクリックし❶、＜アウトライン＞をクリックします❷。

Hint GPUでプレビュー

＜GPUでプレビュー＞は、アニメーションズーム機能が搭載された、CCから利用できる新しいプレビューです。GPUパフォーマンスが無効の場合は選択できません。なお、＜CPUでプレビュー＞は、CC以前からある基本のプレビューです。

2 アウトラインモードになった

アウトラインモードになり、アートワークが線画のみの状態になりました。アートワークの詳細が把握しやすい、画面表示速度が上がるといったメリットがあります。

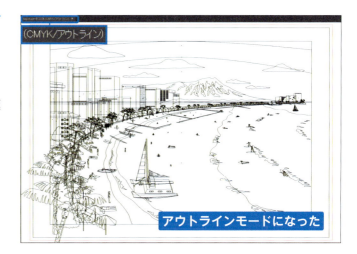

アウトラインモードからプレビューモードにする

1 プレビューモードにする

＜表示＞メニューをクリックし❶、＜GPUでプレビュー＞をクリックします❷。

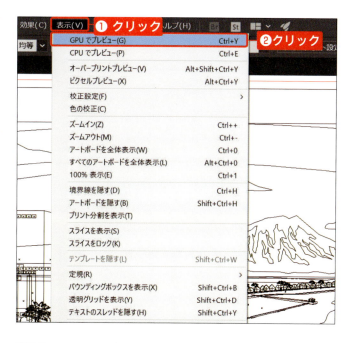

Hint GPUでプレビューが表示されない場合

＜GPUでプレビュー＞は、GPUパフォーマンスが無効の場合（パソコンが対応していないなど）は表示されません。その場合は、＜プレビュー＞を選択します。

2 プレビューモードになった

プレビューモードになり、アートワークに色が付いている状態になりました。

StepUp さまざまなプレビュー

プレビューモードは、仕上がりを確認するための機能ともいえます。表示モードには、ここで紹介したプレビュー以外に、印刷物を制作する際に利用する＜オーバープリントプレビュー＞モードと、Web用の素材を制作する際に利用する＜ピクセルプレビュー＞モードがあります。必要に応じて使い分けましょう。

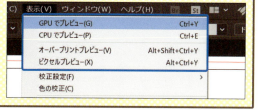

Section

13 ドキュメントを作成する

キーワード
- 新規
- ドキュメントの種類
- カラーモード

制作するには、まず新規ドキュメントを作成する必要があります。制作物に応じて、適切な設定を行うことが重要です。選択したドキュメントの種類によって、使用する単位やカラーモードが変わることに注意しましょう。

新規ドキュメントを作成する

1 新規ドキュメントを作成する

＜ファイル＞メニューをクリックし❶、＜新規＞をクリックします❷。

2 ドキュメントの種類を選択する

＜新規ドキュメント＞ダイアログが表示されます。制作物に応じて、ドキュメントの種類を選択します。ここでは、印刷物を作成すると想定し、＜印刷＞をクリックします❶。

3 ファイル名を入力する

＜ファイル名＞を入力します（ここでは「event」）❶。

4 アートボードの設定をする

＜プリセット＞で規定サイズ（ここでは「A4」）をクリックすると❶、＜幅＞＜高さ＞に対応するサイズが自動で入力されます。ドキュメントの種類が＜印刷＞の場合、＜単位＞は＜ミリメートル＞になります。アートボードの＜方向＞をクリックして❷、アートボードの数を設定します❸。

5 裁ち落としの設定をする

ドキュメントの種類が＜印刷＞の場合、＜裁ち落とし＞で、裁ち落とし（P.279）の設定をします❶。通常＜3mm＞と自動入力されています。裁ち落としの設定をしない場合は、＜0mm＞にします。

6 カラーモードを確認する

＜詳細オプション＞をクリックして❶、すべての設定を確認します。確認後、ドキュメントの種類が＜印刷＞の場合、＜カラーモード＞は＜CMYK＞になります。＜作成＞をクリックします❷。

7 新規ドキュメントができた

設定を元に、新規ドキュメントができました。

Section

14 ドキュメントを保存する

キーワード
- 保存
- ファイルの種類
- 別名で保存

作業を中断・終了する際は、ドキュメントを保存しましょう。Illustratorの機能を保持するには、AI形式で保存します。ここでは、Illustratorを持っていない相手とのデータのやり取りに便利なPDF形式での保存についても解説します。

ドキュメントをAI形式で保存する

1 ドキュメントを保存する

＜ファイル＞メニューをクリックし❶、＜保存＞をクリックします❷。

2 ファイルの種類を選択する

＜別名で保存＞ダイアログボックスが表示されます。新規ドキュメント作成時にファイル名を付けている場合（P.50）は、ファイル名が入力されています。ドキュメントの保存先を指定し❶、＜ファイルの種類＞（P.55）で＜Adobe Illustrator＞を選択します❷。設定を確認後、＜保存＞をクリックします❸。

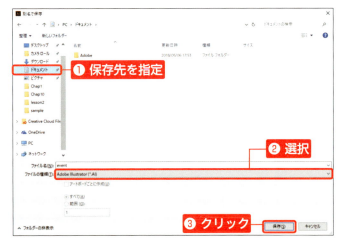

3 オプションを設定する

＜Illustratorオプション＞ダイアログボックスが表示されます。印刷会社などとデータの受け渡しをする場合は、＜バージョン＞で先方の指定するバージョンをクリックして選択し❶、＜OK＞をクリックして❷、ダイアログボックスを閉じます。

Hint　Illustratorのバージョン

データの受け渡しをする場合は、先方のバージョンを確認し、そのバージョンに合わせて保存しましょう。新バージョン特有の機能は、旧バージョンでは再現できない場合があります。

4 ドキュメントが保存された

指定した保存先に、ドキュメントが保存されます。

ドキュメントをPDF形式で保存する

1 ドキュメントを別名で保存する

＜ファイル＞メニューをクリックし❶、＜別名で保存＞をクリックします❷。

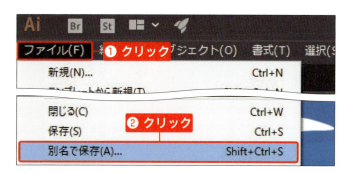

053

2 ファイルの種類を選択する

＜名前を付けて保存＞ダイアログボックスが表示されます。基本的な設定は、通常の保存（P.52）と同様です。ドキュメントの保存先を指定し❶、＜ファイルの種類＞で＜Adobe PDF＞を選択します❷。複数のアートボードを持つドキュメントの場合、保存するPDFファイルの範囲（下のStepUpを参照）を指定できます❸。設定を確認後、＜保存＞をクリックします❹。

3 PDFに関する設定をする

＜Adobe PDFを保存＞ダイアログボックスが表示されます。用途に応じて＜Adobe PDFプリセット＞でプリセットを設定し❶、＜PDFを保存＞をクリックすると❷、指定した保存先にドキュメントが保存されます。

Hint　Adobe PDFプリセット

一般的に、メール送信用など軽いサイズが推奨されるファイルには＜最小ファイルサイズ＞を、プリンタ出力用には＜高品質印刷＞を選択します。＜高品質印刷＞を選択して＜PDFを保存＞をクリックすると、以前のバージョンで開く際は編集機能を保持できない旨のダイアログボックスが表示されます。問題なければ＜はい＞をクリックして続行します。

StepUp　保存するPDFファイルの範囲を指定する

複数のアートボードを持つドキュメントは、保存するPDFファイルの範囲を指定できます。全アートボードを保存するには、＜すべて＞を選択します。範囲指定する場合は、「2-3」というように、アートボード番号（P.56）と半角ハイフンを入力します。

4 PDFファイルが保存された

指定した保存先に、PDFファイルが保存されます。

さまざまなファイル形式

通常、作業ファイルは、Illustratorの機能を最大限に保持できるAI形式で保存します。ただし、AI形式のファイルは、Illustratorを持っていないと開くことができません。用途に応じて、適したファイル形式に変換しましょう。ここでは、主に使用するファイル形式を確認します。

■主なファイル形式

AI (Adobe Illustrator)	すべてのIllustratorの機能を保持する形式。ベクトル画像を保持でき、編集しやすいため、通常、作業後のファイルは、この形式で保存しておきます。また、そのほかのAdobe製ソフトとの連携もとりやすい形式です
JPEG (Joint Photographic Experts Group)	写真などの滑らかな階調がある画像を、不可逆圧縮した形式。ファイルサイズが小さいため、Webページで表示するために使用されることが多いです。透明度は保持されません
GIF (Graphics Interchange Format)	イラストなどの単調画像を、可逆圧縮した形式。Webページで表示するために使用されることが多いです。透明色を指定できます。また、GIFアニメーションを作成する場合にも使用します
PNG (Portable Network Graphics)	画像を可逆圧縮した形式。Webページで表示するために使用されることが多いです。透明度は保持されます。GIFよりややファイルサイズが小さい一方、GIFと異なり、24ビット画像をサポートします。一部のWebブラウザーではサポートされません
EPS (Encapsulated PostScript)	印刷物用の画像として使用される形式。ベクトル画像およびビットマップ画像の両方を含めることができ、ほぼすべてのグラフィック、イラストおよび DTPのプログラムでサポートされています
PDF (Portable Document Format)	OSやアプリケーションの違いを超えて使用できる柔軟性に富んだファイル形式。IllustratorやPhotoshopがない人とのやりとりにも便利です

055

Section 15 アートボードを編集する

キーワード
- アートボードパネル
- アートボードの編集
- アートボードツール

<アートボード>パネルでは、アートボードを追加したり、削除できます。また、<アートボード>ツールを使って、アートボードサイズを変更することで、1つのドキュメント内に、サイズ違いのアートボードを持つこともできます。

アートボードを追加する

1 アートボードパネルを表示する

メニューバーの<ウィンドウ>をクリックし❶、<アートボード>をクリックして❷、<アートボード>パネルを表示します。

2 アートボードを追加する

<アートボード>パネルが表示されました。現在のアートボードが管理されています。<新規アートボード>をクリックします❶。パネルの左側に表示される数値がアートボード番号です。

3 アートボードを追加できた

アートボードが追加されました。

> **Hint アートボードを削除する**
>
> アートボードを削除するには、削除したいアートボードをクリックし、<アートボード>パネルで選択されている状態にして、<アートボードを削除>をクリックします。

アートボードを編集する

1 アートボードツールを選択する

編集したいアートボードの右にある をクリックし❶、＜アートボードオプション＞ダイアログボックスを表示します。

2 アートボードを編集する

アートボードの編集モードに切り替わります。＜アートボードオプション＞ダイアログボックスの＜名前＞にアートボード名を入力します❶。＜基準点＞の点をクリックして設定し❷、＜幅＞＜高さ＞にサイズを入力し❸、＜方向＞をクリックして選択します❹。設定を確認し、＜OK＞をクリックします❺。

Hint ＜アートボード＞ツール

＜アートボード＞ツールの上をダブルクリックしても、＜アートボード＞オプションを表示できます。

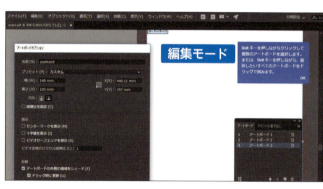

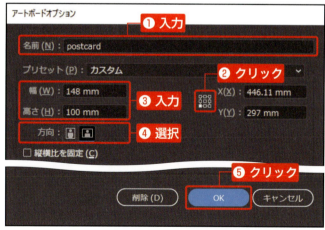

Hint 基準点

アートボードのサイズを変更する際、基準点を設定できます。＜変形＞パネルの基準点の設定と同様です（P.146）。

3 アートボードが編集できた

アートボードの編集が完了し、アートボードの名前とサイズが変更されます。

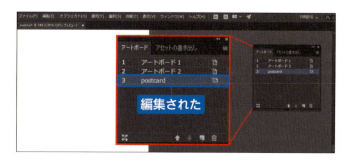

Section 16 ドキュメントを印刷する

キーワード
- プリント
- アートボードの範囲
- プリント分割ツール

作成したドキュメントを紙に印刷するには、＜プリント＞の機能を使います。複数のアートボードを持つドキュメントの場合は、印刷する範囲を指定できます。

ドキュメントを紙に印刷する

1 ファイルメニューを操作する

メニューバーの＜ファイル＞をクリックし❶、＜プリント＞をクリックします❷。

2 プリンターの設定をする

＜プリント＞ダイアログボックスが表示されます。基本的なプリントは、ダイアログボックスが表示されたときに、最初に表示される＜一般＞セクションで設定できます。プリントしたい内容になっているかを＜プレビュー＞で確認しながら、設定しましょう。
設定が完了したら、使用するプリンターを選択します❶。

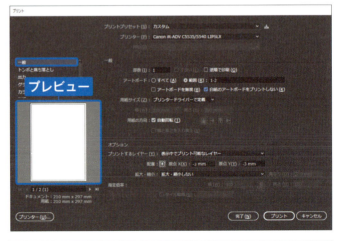

3 部数と範囲を設定する

＜部数＞に印刷したい部数を入力します❶。また、複数のアートボードを持つドキュメントの場合、印刷するアートボードの範囲を指定します❷。

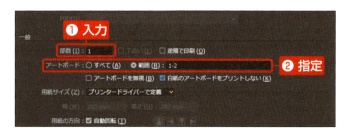

4 用紙サイズを設定する

＜用紙サイズ＞で使用する用紙サイズを選択します❶。＜用紙の方向＞にチェックを付けると、用紙に収まるように、アートワークを自動回転します❷。

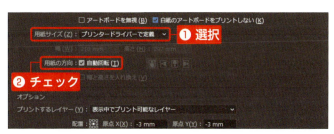

5 そのほかの設定をして印刷する

非表示のレイヤー（P.188）も印刷したい場合、＜プリントするレイヤー＞で＜すべてのレイヤー＞を選択します❶。また、用紙にアートワークが入らない場合は、＜拡大・縮小＞で＜用紙サイズに合わせる＞を選択します❷。すべての設定を確認し、プレビューに問題がなければ、＜プリント＞をクリックして❸、印刷します。

StepUp プリント分割ツールで印刷範囲を指定する

＜プリント分割＞ツールで、画面上をクリックして、印刷範囲を指定できます。印刷範囲は、点線で表示され、＜プリント＞ダイアログボックスのプレビューでは、この点線の領域が印刷範囲と判断されます。アートワークの一部を印刷したい場合に便利です。

Chapter 2 Illustratorの基本操作を身に付けよう

059

カラー設定と単位

チラシなどの印刷物を作成する場合と、バナーなどのWeb用の素材を作成する場合では、使用するカラー設定や単位が異なります。制作物に応じて変更するようにしましょう。

■カラー設定の変更

使用するカラー設定は、メニューバーの＜編集＞をクリックし❶、＜カラー設定＞をクリックすると❷表示される＜カラー設定＞ダイアログで設定します。

印刷物を作成するときのカラー設定

Web用の素材を作成するときのカラー設定

■単位の変更

使用する単位は、メニューバーの＜編集＞（Macは＜Illustrator CC＞）をクリックし❶、＜環境設定＞→＜単位＞をクリックすると❷表示される＜環境設定＞ダイアログで設定します。
各設定の単位は、以下のような場合に使用されます。

・一般…数値ボックスや定規で使用されます。
・線…＜線＞パネルなどの線の設定で使用されます。
・文字…フォントサイズなどの文字関連の設定で使用されます。
・東アジア言語のオプション…行送りやベースラインなどの文字関連、インデントなど段落関連の設定で使用されます。

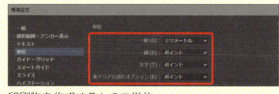
印刷物を作成するときの単位

Web用の素材を作成するときの単位

Chapter 3

オブジェクトを操作できるようになろう

ここでは、オブジェクト（Illustratorで描画したイラストや配置した画像など）の操作について確認しましょう。オブジェクトの選択やコピーなどの操作は、グラフィックを作成する上で重要です。また、オブジェクトの重ね順のしくみついて理解しておきましょう。

Section

17 オブジェクトを選択する

キーワード
- 選択ツール
- すべてを選択
- 選択を解除

オブジェクトとは、ドキュメントに描画したイラストや、配置した画像のことです。配色や変形などの操作を行うには、対象となるオブジェクトを選択する必要があります。オブジェクトを効率よく選択できるようになりましょう。

オブジェクトを選択する

1 選択ツールを選択する

ツールパネルで＜選択＞ツールをクリックします❶。

2 オブジェクトをクリックする

オブジェクトにマウスポインターを合わせ、ハイライト表示されたらクリックします❶。

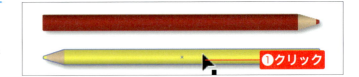

3 選択できた

クリックしたオブジェクトを選択できました。オブジェクトの境界線の色は、レイヤーに割り当てられた色になります（P.193）。

4 複数選択する

Shiftキーを押しながら別のオブジェクトをクリックすると❶、オブジェクトを追加で選択できます。

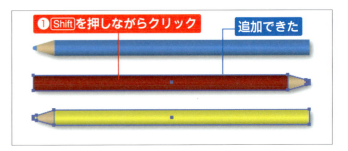

Hint オブジェクトのグループ化

ここでは文具を選択しやすくするため、オブジェクトをグループ化しています（P.78参照）。

Chapter 3 オブジェクトを操作できるようになろう

062

すべてを選択する

1 選択ツールを選択する

メニューバーの＜選択＞をクリックし❶、＜すべてを選択＞をクリックします❷。

2 すべてを選択できた

ロックされていないすべてのオブジェクトを選択できました。

Hint オブジェクトをロックする

動かしたくないオブジェクトをロック（固定）するには、オブジェクトを選択し、メニューバーの＜オブジェクト＞→＜ロック＞→＜選択＞をクリックします。ロックを解除するには、メニューバーの＜オブジェクト＞→＜すべてをロック解除＞をクリックします。

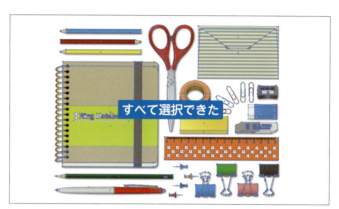

選択を解除する

1 選択を解除する

選択を解除するには、何もない箇所をクリックします❶。

Hint 選択を解除

メニューバーの＜選択＞→＜選択を解除＞をクリックしても、選択を解除できます。

StepUp 複数のオブジェクトを囲んで選択する

複数のオブジェクトを選択する際、[Shift]を押しながらクリックして選択する以外に、選択したい複数のオブジェクトを囲むようにドラッグして選択することもできます。

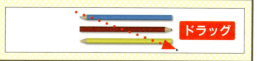

Chapter 3　オブジェクトを操作できるようになろう

063

Section

18 似た属性のオブジェクトを選択する

キーワード
- 自動選択ツール
- 自動選択パネル
- 許容値

＜自動選択＞ツールを使ってオブジェクトをクリックすると、＜自動選択＞パネルの設定をもとに、似た属性のオブジェクトをすばやく選択できます。

似た属性のオブジェクトを選択する

1 自動選択ツールを選択する

ツールパネルで＜自動選択＞ツールをクリックします❶。

2 オブジェクトをクリックする

オブジェクトをクリックします❶。

 ここでの目的

ここでは、定規と似た色のオブジェクトを自動選択します。

3 似た属性のオブジェクトを選択できた

クリックしたオブジェクトと似た属性のオブジェクトを、一度で選択できました。

自動選択の設定値を変更する

1 自動選択パネルを表示する

ツールパネルの＜自動選択＞ツールをダブルクリックし①、＜自動選択＞パネルを表示します。

2 許容値を変更する

＜カラー（塗り）＞の＜許容値＞に数値を入力し①、変更します。

許容値	40

3 オブジェクトをクリックする

オブジェクトをクリックします①。

Hint 許容値とは

＜許容値＞とは、クリックしたオブジェクトとの近似の度合です。値が大きいほど、一度のクリックで多くのオブジェクトを選択できます。

4 より多くのオブジェクトを選択できた

似た属性の許容範囲が広がり、より多くのオブジェクトを一度で選択できました。

Hint 設定をリセットする

＜自動選択＞パネルのパネルメニュー■をクリックして、＜リセット＞を選択すると、許容値の設定をリセットできます。

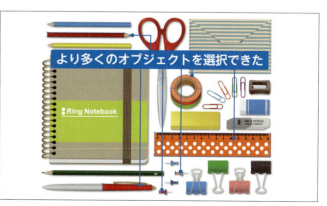

Section 19 オブジェクトを移動・コピーする

キーワード
- 選択ツール
- 移動ダイアログ
- 矢印キー

選択したオブジェクトは、移動したりコピーできます。①ドラッグして移動・コピーする、②＜移動＞ダイアログで数値を指定して移動・コピーする、③矢印キーを使って移動・コピーする、の3つの方法をマスターしましょう。

オブジェクトをドラッグして移動・コピーする

1 選択ツールを選択する

ツールパネルで＜選択＞ツールをクリックします❶。

2 オブジェクトを移動する

移動したいオブジェクトを選択してドラッグします❶。

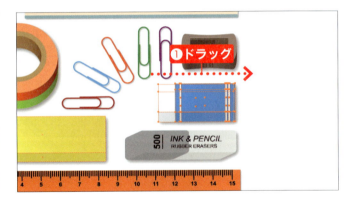

Hint まっすぐ移動する

[Shift]を押しながらドラッグすると、移動方向が水平・垂直・斜め45°に制限され、まっすぐ移動できます。

3 オブジェクトを移動できた

オブジェクトを移動できました。

Hint コピーする

[Alt]([option])を押しながらドラッグすると、移動ではなく、コピーになります。

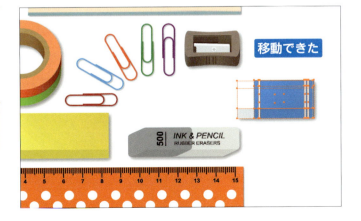

移動ダイアログボックスで数値を指定して移動・コピーする

1 移動ダイアログボックスを表示する

オブジェクトを選択し❶、ツールパネルの＜選択＞ツールをダブルクリックして❷、＜移動＞ダイアログボックスを表示します。

2 位置を指定する

＜水平方向＞と＜垂直方向＞に数値を入力すると❶、＜移動距離＞と＜角度＞が自動で計算されます。＜プレビュー＞をクリックしてチェックを入れ❷、どのように移動するかを確認したら、＜OK＞をクリックして確定します❸。

Hint プレビュー

＜OK＞をクリックして確定する前に、確定後の状態を確認できる機能です。ほかのダイアログにもあります。

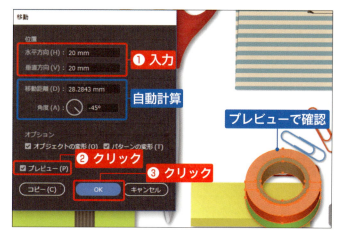

3 オブジェクトを移動できた

オブジェクトを移動できました。＜水平方向＞に正の値を入れると右に、負の値を入れると左に、＜垂直方向＞に正の値を入れると下に、負の値を入れると上に移動します。

Hint オブジェクトをコピーする

手順2で＜OK＞の代わりに＜コピー＞をクリックすると、移動ではなく、コピーになります。

Chapter 3 オブジェクトを操作できるようになろう

067

StepUp 移動ダイアログボックスの＜水平方向＞＜垂直方向＞の関係

＜移動＞ダイアログの＜位置＞の＜水平方向＞に正の値を入れると右に、負の値を入れると左に、＜垂直方向＞に正の値を入れると下に、負の値を入れると上に移動します。＜移動距離＞と＜角度＞は自動計算されるので、入力の必要はありません。
なお、＜オプション＞の設定（＜オブジェクトの変形＞と＜パターンの変形＞）は、パターンの変形（P.126）を行うときに使用する機能なので、ここでは説明を省略します。

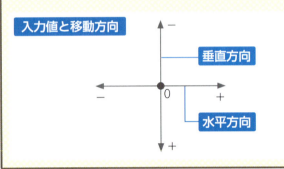
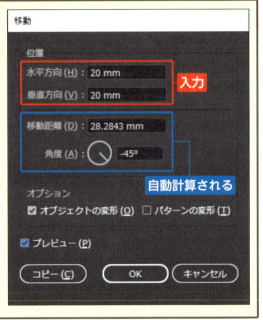

矢印キーを使って移動・コピーする

1 矢印キーを使って移動する

オブジェクトを選択し❶、矢印キー←→↑↓のいずれかを押すと❷、オブジェクトがその方向に移動します。

2 移動距離を確認する

矢印キー←→↑↓を1回押したときの移動距離を確認しましょう。メニューバーの＜編集＞（Macは＜Illustrator CC＞）をクリックして❶、＜環境設定＞→＜一般＞をクリックし❷、＜環境設定＞ダイアログボックスを表示します。

3 移動距離を変更する

＜キー入力＞の値が、矢印キー ← → ↑ ↓ を1回押したときの移動距離になります。初期設定値は「0.352778㎜」なので、ほんのちょっとだけ移動していたことになります。＜キー入力＞に大きな値（ここでは50mm）を入力し❶、＜OK＞をクリックします❷。

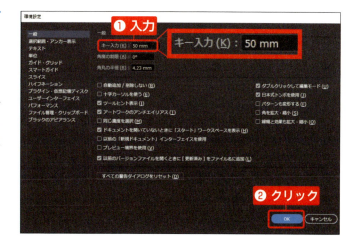

4 移動距離が延びた

オブジェクトを選択し❶、矢印キー ← → ↑ ↓ のいずれかを押すと❷、＜キー入力＞の値を変更する前より、オブジェクトが遠くに移動しました。

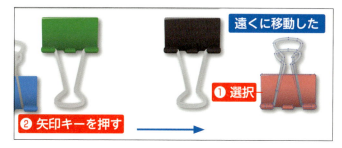

Hint オブジェクトをコピーする

[Alt]（[option]）を押しながら矢印キー ← → ↑ ↓ を押すと、移動ではなく、コピーになります。＜キー入力＞の値が大きくないと結果はわかりにくいので、注意が必要です。

StepUp 等間隔でオブジェクトのコピーをつくる

＜環境設定＞ダイアログの＜キー入力＞の値は、作業中に変更して活用できます。決まった値を使わなければいけないということはありませんので、使いやすい値を設定してもよいでしょう。
例えば、こんな使い方ができます。
■「0.1㎜」のように小さな値を設定したいとき
レイアウトの微調整をしたいときに便利です。
■「50㎜」のように大きな値を設定したいとき
[Alt]（[option]）を押しながら矢印キー ← → ↑ ↓ を押すと、一定の間隔でオブジェクトのコピーをつくることができます。50㎜間隔にしたい場合は、「50㎜＋コピー元のオブジェクトの寸法（水平方向にコピーする場合は幅、垂直方向にコピーする場合は高さ）」の値を入力します。

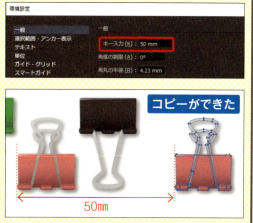

069

Section

20 バウンディングボックスでオブジェクトを変形する

キーワード
- バウンディングボックス
- 角を拡大・縮小
- 線幅と効果を拡大・縮小

バウンディングボックスを使うと、オブジェクトを直感的に拡大・縮小したり、回転できます。角丸や線幅を持つオブジェクトの場合、＜角を拡大・縮小＞と＜線幅と効果を拡大・縮小＞の設定に注意しましょう。

バウンディングボックスを使って変形する

1 バウンディングボックスを表示する

メニューバーの＜表示＞をクリックし❶、＜バウンディングボックスを表示＞をクリックします❷。

Hint すでに表示されている場合

バウンディングボックスがすでに表示されている場合、項目が＜バウンディングボックスを隠す＞になっており、選択すると、隠すことができます。

2 バウンディングボックスが表示された

オブジェクトを選択すると❶、バウンディングボックスが表示されていることがわかります。周辺の8つの白い四角をハンドルといいます。

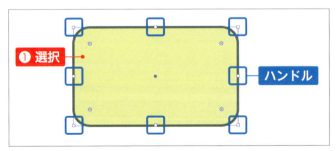

3 変形パネルを表示する

メニューバーの＜ウィンドウ＞をクリックし❶、＜変形＞をクリックします❷。

Chapter 3 オブジェクトを操作できるようになろう

070

4 変形の設定をする

<変形>パネルが表示されます。<角を拡大・縮小>と<線幅と効果を拡大・縮小>をクリックして❶、チェックを入れます。

> **Hint すべての設定が表示されていない場合**
>
> すべての設定が表示されていない場合は、パネルの ■ をクリックして、パネルメニューを表示し、<オプションを表示>を選択します。

5 オブジェクトを拡大・縮小する

コーナーハンドル（四隅の四角）にマウスポインターを合わせ、アイコンが に変わったらドラッグすると❶、拡大・縮小できます。Shiftキーを押しながらドラッグすると、縦横比を固定できます。また、サイドハンドル（辺の四角）をドラッグすると、幅や高さを調整できます。

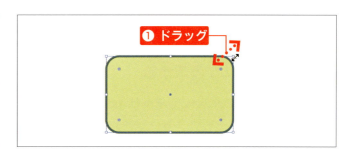

6 オブジェクトを回転する

ハンドルにマウスポインターを合わせ、アイコンが に変わったらドラッグすると❶、回転できます。

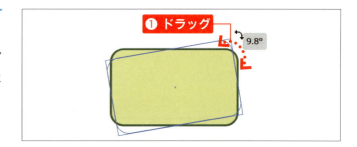

7 オブジェクトを変形できた

オブジェクトを変形できました。<変形>パネルには、幅・高さ・角丸のサイズ、回転角度が表示されています。ここでは、事前に<角を拡大・縮小>と<線幅と効果を拡大・縮小>にチェックを入れたため、角丸のサイズと線幅は、変形比率に合わせて変化しました（P.147参照）。

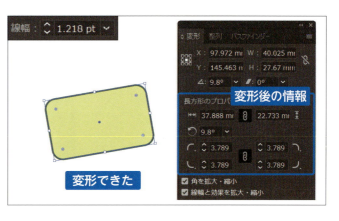

Section 21 オブジェクトを整列する

キーワード
- 整列パネル
- 整列と分布
- キーオブジェクト

＜整列＞パネルを使うと、複数のオブジェクトを整列したり、等間隔に分布できます。＜整列＞でどこを基準にするかを設定し、＜オブジェクトの整列＞で整列、＜オブジェクトの分布＞で分布の方法を設定します。

オブジェクトをアートボードに整列する

1 整列パネルを表示する

メニューバーの＜ウィンドウ＞をクリックし❶、＜整列＞をクリックして❷、＜整列＞パネルを表示します。

2 整列パネルが表示された

＜整列＞パネルが表示されました。をクリックして❶、パネルメニューを表示し、＜オプションを表示＞をクリックして❷、すべての設定を表示します。

3 整列の基準を設定する

オブジェクトを選択し❶、＜整列＞をクリックして❷、＜アートボードに整列＞をクリックします❸。

Hint アートボードに整列

＜アートボードに整列＞は、仕上がりサイズで制作したオブジェクトと、アートボードを整列するときに活用できます。

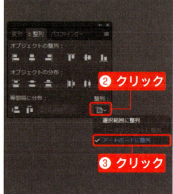

4 整列方法を設定する

＜オブジェクトの整列＞で整列方法を設定します。オブジェクトをアートボードの中央に整列するには、＜水平方向中央に整列＞❶と＜垂直方向中央に整列＞をクリックします❷。

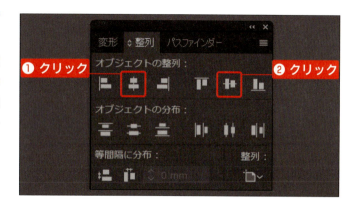

5 オブジェクトを整列できた

オブジェクトを整列できました。

オブジェクトをキーオブジェクトに整列する

1 整列の基準を設定する

P.62を参考に整列したいオブジェクトをすべて選択し❶、整列の基準にしたいオブジェクト（キーオブジェクト）を最後にクリックします❷。キーオブジェクトは、強調表示されます。

Hint キーオブジェクト

キーオブジェクトとは、整列の基準となるオブジェクトです。選択中のオブジェクトのうち、基準にしたいオブジェクトをもう一度クリックすると、キーオブジェクトになり、＜変形＞パネルの＜整列＞は、＜キーオブジェクトに整列＞になります。

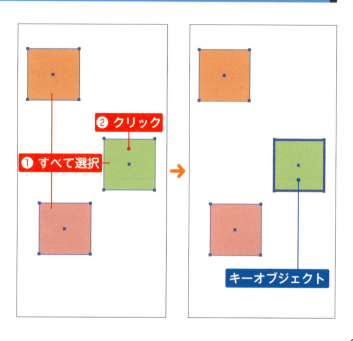

073

2 整列方法を設定する

<オブジェクトの整列>で整列方法を設定します。キーオブジェクトの左に整列するには、<水平方向左に整列>をクリックします❶。

3 オブジェクトを整列できた

キーオブジェクトの左に整列できました。

Hint 選択範囲に整列する

手順❶でキーオブジェクトを設定せずに、<整列>パネルの<整列>で<選択範囲に整列>を選択して整列する（下の手順❶を参照）と、選択範囲を基準に、左や中央に整列します。

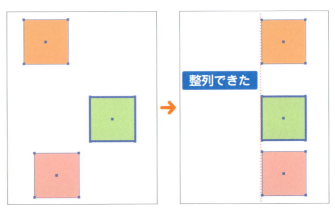

選択したオブジェクト内で、オブジェクトを等間隔に分布する

1 分布の基準を設定する

分布するオブジェクトをすべて選択し❶、<整列>をクリックして❷、<選択範囲に整列>をクリックします❸。

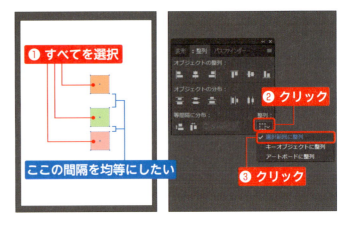

2 分布方法を設定する

<オブジェクトの分布>で分布方法を設定します。<垂直方向中央に分布>をクリックします❶。

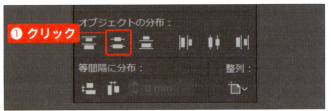

3 等間隔に分布できた

中央の緑の四角形が上に移動し、オブジェクトが等間隔に分布されました。

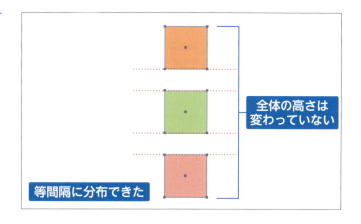

数値指定してオブジェクトを等間隔に分布する

1 分布の基準を設定する

P.62を参考に分布するオブジェクトをすべて選択し❶、分布の基準にしたいオブジェクト（キーオブジェクト）を最後にクリックします❷。キーオブジェクトは、強調表示されます。

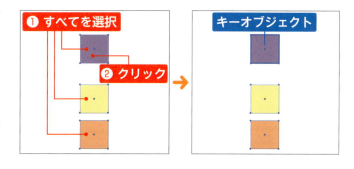

2 分布方法を設定する

＜等間隔に分布＞で間隔の数値を入力し❶、分布方法を設定します。＜垂直方向等間隔に分布＞をクリックすると❷、キーオブジェクトを基準に、等間隔に分布できます。

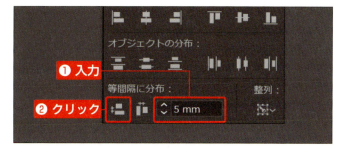

3 指定間隔に分布できた

キーオブジェクトを基準に、指定した間隔に分布されました。

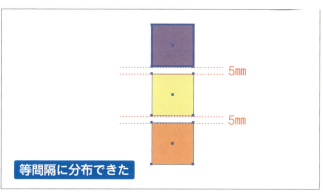

Section 22 オブジェクトの重ね順を変える

キーワード
- 重ね順
- 前面へ・背面へ
- 最前面へ・最背面へ

同じレイヤー内の複数のオブジェクトは、後に描いたオブジェクトほど前面に配置されますが、＜重ね順＞を使うと、後から重ね順を変更できます。ただしレイヤーが異なる場合、上位レイヤーのオブジェクトより前面にできません。

オブジェクトを前面に移動する

1 オブジェクトを選択する

前面に移動したいオブジェクトを選択します❶。

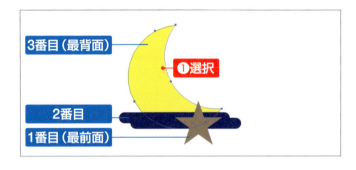

2 重ね順を選択する

メニューバーの＜オブジェクト＞をクリックし❶、＜重ね順＞→＜前面へ＞をクリックします❷。

3 前面に移動した

オブジェクトの重ね順が、1つ前面に移動しました。

> **Hint 重ね順を1つずつ変更する**
>
> ＜前面へ＞は、選択したオブジェクトの重ね順を1つ前へ、＜背面へ＞は、1つ後ろへ変更します。

オブジェクトを最背面に移動する

1 オブジェクトを選択する

最背面に移動したいオブジェクトを選択します❶。

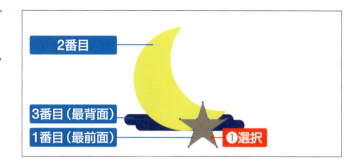

2 重ね順を選択する

メニューバーの＜オブジェクト＞をクリックし❶、＜重ね順＞→＜最背面へ＞をクリックします❷。

3 最背面になった

オブジェクトの重ね順が、最背面に移動しました。

Hint 最前面・最背面にする

＜最前面へ＞は、選択したオブジェクトの重ね順を最前面へ、＜最背面へ＞は、最背面へ変更します。

StepUp オブジェクトを別のレイヤーへ移動する

複数のレイヤー（P.186）がある場合、オブジェクトを別のレイヤーへ移動できます。オブジェクトを選択し❶、＜レイヤー＞パネルで移動先レイヤーをクリックして選択します❷。メニューバーの＜オブジェクト＞をクリックし❸、＜重ね順＞→＜現在のレイヤーへ＞をクリックします❹。上位レイヤーに移動した場合、移動したオブジェクトは、下位レイヤーのオブジェクトよりも前面になります。
また、＜レイヤー＞パネルの選択コラム（P.186）を、移動先のレイヤーにドラッグしても、オブジェクトを移動できます。

Chapter 3 オブジェクトを操作できるようになろう

オブジェクトのグループ化

複雑なグラフィックになり、オブジェクトの数が増えてくると、選択や移動がしづらくなります。その場合は、オブジェクトをグループ化すると扱いやすくなります。

オブジェクトをグループ化するには、複数のオブジェクトを選択し、**メニューバーの＜オブジェクト＞**をクリックし❶、**＜グループ＞**をクリックします❷。すると、複数のオブジェクトは1つのまとまりとなり、選択や移動がしやすくなります。

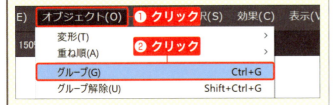

オブジェクトのグループを解除するには、**メニューバーの＜オブジェクト＞**をクリックし❶、**＜グループ解除＞**をクリックします❷。

また、**＜グループ選択＞ツール**を使えば、オブジェクトをグループ解除しなくても、グループ内の個々のオブジェクトを選択することができます。クリックの回数に応じて、グループ内の階層をたどってオブジェクトを選択できます。そのため、オブジェクトをグループ化する際は、構造を整理してグループ化すると、選択しやすくなります。

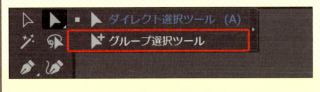

以下の例では、花の色ごとにグループ化し、最後にすべてのオブジェクトをグループ化している

花のグループ
黄色のグループ
ピンクのグループ
オレンジのグループ

例：
黄色の花を起点として、＜グループ選択＞ツールでオブジェクトを選択する

■**オブジェクトの上を1回クリック**
黄色の花が1つ選択できる

■**オブジェクトの上を2回クリック**
黄色の花のグループ内のオブジェクトを選択できる

■**オブジェクトの上を3回クリック**
グループ内のすべてのオブジェクトを選択できる

Chapter

オブジェクトを描画できるようになろう

ここでは、オブジェクトの描画について確認しましょう。長方形や楕円形などの基本図形は、複雑なグラフィックを作成する上で基本となるものです。Illustratorで描画するオブジェクト（パス）の構造を理解し、効率的に描画できるようになりましょう。

Section

23 パスの構造

キーワード
- パス
- アンカーポイント
- セグメント

Illustratorで描画したオブジェクトは、点（アンカーポイント）と線（セグメント）の集まりであるパスでできています。パスには、オープンパスとクローズパスがあります。これらは、Illustratorのさまざまなツールで描画できます。

パスの構造

Illustratorで描画したオブジェクトは、**点(アンカーポイント)**と**線(セグメント)**の集まりである**パス**でできています。また、パスで構成される画像を**ベクトル画像**といいます（P.38参照）。
パスには、始点と終点が異なる位置にある**オープンパス**と、始点と終点が同じ位置にある**クローズパス**の2種類があります。

＜直線＞ツール（P.88）で描く直線はオープンパスで、＜長方形＞ツール（P.83）で描く長方形や、＜楕円形＞ツール（P.85）で描く楕円形はクローズパスです。また、＜ペン＞ツール（P.164）は、オープンパス、クローズパスともに、柔軟に描画できる自由度の高いツールです。

パスは点と線でできている

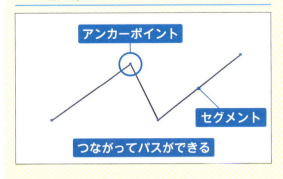

オープンパスとクローズパス

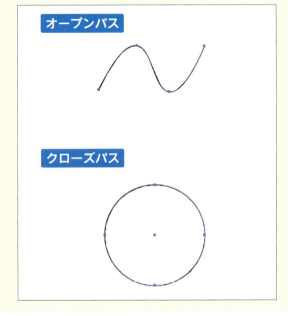

パスの編集

パスは、作成後も、アンカーポイントやセグメントを編集して、柔軟に形状を変更できます。
パス全体を選択するには**＜選択＞ツール**(P.62)を、パスを構成するアンカーポイントやセグメントを選択するには**＜ダイレクト選択＞ツール**を使います。

クリックして選択したアンカーポイントは、白から色付きの点に変化し、ドラッグして動かすことができます。複数のアンカーポイントを選択するには、Shiftを押しながら1つずつクリックするか、周りから囲むようにドラッグします。

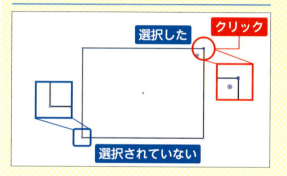

選択したアンカーポイントは色付き

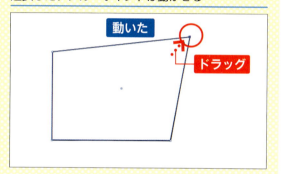

選択したアンカーポイントは動かせる

パスには塗りと線がある

パスの内面を**塗り**、輪郭線を**線**といいます(P.102)。直線のようなオープンパスには内面がないので、通常、塗りは「なし(透明)」にします。クローズパスには、塗りと線の両方を割り当ててもよいし、どちらかだけでもかまいません。ただし、クローズパスの塗りを「なし」にした場合、透明なので、パスの内側をクリックしても選択できません。線をクリックして選択します。

オープンパスは、通常、塗りは「なし(透明)」

クローズパスの塗りと線

Section

24 | 基本的な図形を描画する

キーワード
- 長方形ツール
- 角丸長方形ツール
- 楕円形ツール

長方形や楕円形などの図形は、さまざまなグラフィックを描く上での基本となります。ここでは、＜長方形＞＜角丸長方形＞＜楕円形＞＜多角形＞＜スター＞の5つの基本図形の描画方法を確認しましょう。

Chapter 4 オブジェクトを描画できるようになろう

基本的な図形の描画ツール

ツールパネルの＜長方形＞ツールを長押しすると❶、基本図形の描画ツールが表示されます。右端の▶をクリックし❷、これらのツールグループを独立したウィンドウとして切り離すことができます。＜長方形＞ツール、＜角丸長方形＞ツール、＜楕円形＞ツールは角から描画します。＜多角形＞ツール、＜スター＞ツール、＜フレア＞ツールは中心から描画します。なお、＜フレア＞ツールは、使用頻度が低いので、ここでは解説を省略します。

基本図形を描画するツール

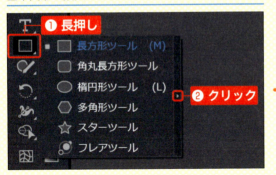

ツールグループを切り離せた

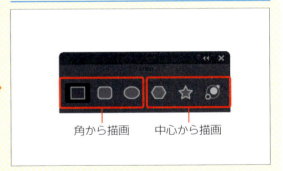

角から描画　　中心から描画

描画方法を整理すると、効率よく描ける

＜長方形＞＜角丸長方形＞＜楕円形＞ 角から描画
❶ ドラッグ＝描画
❷ [Shift]＋ドラッグ＝縦横のサイズを揃えて描画
❸ [Alt]（[option]）＋ドラッグ＝中心から描画
❹ クリック＝サイズを数値で指定して描画
※❷と❸を組み合わせることもできる

＜多角形＞＜スター＞ 中心から描画
❶ ドラッグ＝描画
❷ [Shift]＋ドラッグ＝水平に描画
❸ ※＜スター＞のみ [Alt]（[option]）＋ドラッグ＝辺が水平に揃ったスター
❹ クリック＝サイズを数値で指定して描画

長方形を描画する

1 長方形ツールを選択する

ツールパネルから＜長方形＞ツールをクリックして❶選択します。

2 ドラッグして描画する

斜めにドラッグし❶、長方形を描画します。

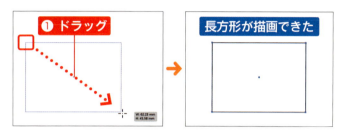

3 正方形を描画する

[Shift]を押しながらドラッグすると❶、縦横のサイズを揃えて描画できます。これにより、正方形になります。

4 中心から描画する

[Alt]([option])を押しながらドラッグすると❶、周囲に広がる形で中心から描画できます。さらに[Shift]を組み合わせると、中心から正方形が描けます。

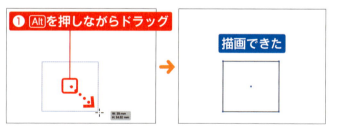

5 大きさを指定して描画する

画面上をクリックし、＜長方形＞ダイアログボックスを表示します。＜幅＞＜高さ＞に数値を入力し❶、＜OK＞をクリックすると❷、指定した大きさの長方形が描けます。

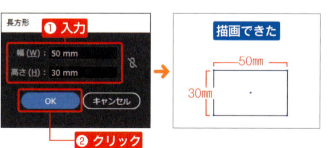

Chapter 4　オブジェクトを描画できるようになろう

083

角丸長方形を描画する

1 角丸長方形ツールを選択する

ツールパネルから＜長方形＞ツールを長押しし❶、＜角丸長方形＞ツールをクリックします❷。斜めにドラッグし❸、角丸長方形を描画します。

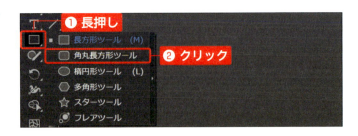

Hint 角丸正方形・中心から描画

＜長方形＞ツール（P.83）と同様、縦横のサイズを揃えて描画するには、Shiftを押しながらドラッグします。中心から描画するには、Alt（option）を押しながらドラッグします。2つのキーを組み合わせると、中心から角丸正方形が描けます。

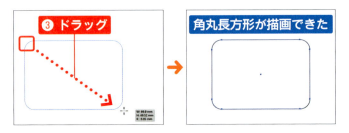

2 数値を指定して描画する

画面上をクリックし、＜角丸長方形＞ダイアログボックスを表示します。＜幅＞＜高さ＞＜角丸の半径＞に数値を入力し❶、＜OK＞をクリックすると❷、指定した数値の角丸長方形が描けます。

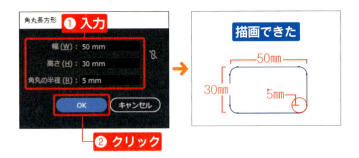

StepUp 角丸長方形の丸みを調整する

＜角丸長方形＞ツールでドラッグして描画している最中（マウスを放していない未確定の状態）に、←を押すと長方形に、→を押すと楕円形になります。
←を押して長方形にした後、↑を押すと角の丸みが増え、↓を押すと角の丸みが減ります。マウスを放すと、図形が確定します。
図形を確定した後で角の丸みを調整したいときは、メニューバーの＜ウィンドウ＞→＜変形＞をクリックして表示される＜変形＞パネルで行います（P.70参照）。

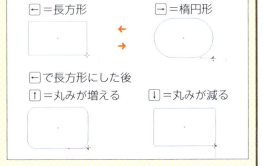

楕円形を描画する

1 楕円形ツールを選択する

ツールパネルから＜長方形＞ツールを長押しし❶、＜楕円形＞ツールをクリックします❷。斜めにドラッグし❸、楕円形を描画します。

Hint 正円を描く

[Shift]を押しながらドラッグすると、縦横のサイズを揃えて描画できます。この場合は正円になります。

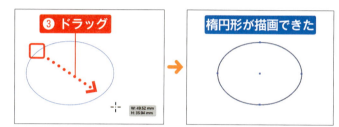

2 中心から描画する

[Alt]（[option]）を押しながらドラッグすると❶、周囲に広がる形で中心から描画できます。さらに[Shift]を押しながらドラッグすると❷、中心から広がる正円が描けます。

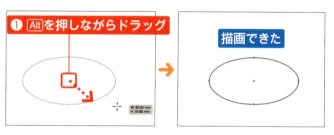

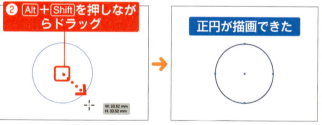

3 数値を指定して描画する

画面上をクリックし、＜楕円形＞ダイアログボックスを表示します。＜幅＞＜高さ＞に数値を入力し❶、＜OK＞をクリックすると❷、指定した数値の楕円形が描けます。

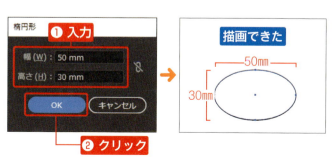

多角形を描画する

1 多角形ツールを選択する

ツールパネルから＜長方形＞ツールを長押しし❶、＜多角形＞ツールをクリックします❷。

2 ドラッグして描画する

斜めにドラッグし、多角形を描画します。

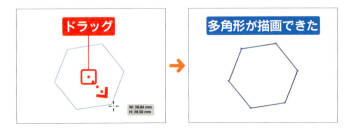

3 水平に描画する

Shiftを押しながらドラッグすると、水平に描画できます。

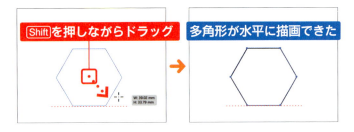

4 数値を指定して描画する

画面上をクリックし、＜多角形＞ダイアログボックスを表示します。＜半径＞＜辺の数＞に数値を入力し❶、＜OK＞をクリックすると❷、指定した数値の多角形が描けます。

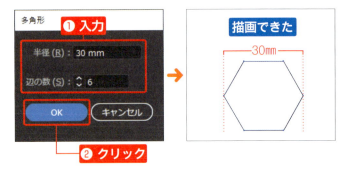

StepUp ショートカットキーで多角形の辺やスターの点の数を調整する

＜多角形＞ツールおよび＜スター＞ツールでドラッグして描画している最中（マウスを放していない未確定の状態）に、↑を押すと、＜多角形＞の辺および＜スター＞の点の数が増え、↓を押すと、数が減ります。マウスを放すと、図形が確定します。辺および点の数は3が最小で、三角形になります。

スターを描画する

1 スターツールを選択する

ツールパネルから＜長方形＞ツールを長押しし①、＜スター＞ツールをクリックします②。

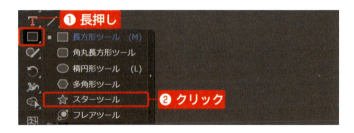

2 ドラッグして描画する

斜めにドラッグし、スターを描画します。

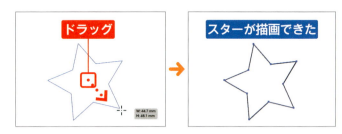

3 水平に描画する

Shiftを押しながらドラッグすると、水平に描画できます。

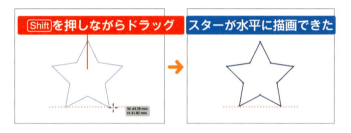

4 均整のとれたスターを描画する

Alt（option）+Shiftを押しながらドラッグすると、辺が水平に揃った均整のとれたスターを描画できます（Shiftを押さないと、水平に描画できません）。

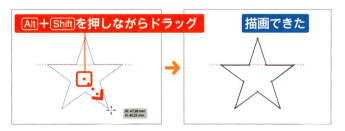

5 数値を指定して描画する

画面上をクリックし、＜スター＞ダイアログボックスを表示します。＜第1半径＞＜第2半径＞＜点の数＞に数値を入力し①、＜OK＞をクリックすると②、指定した数値のスターが描けます。＜第1半径＞と＜第2半径＞の差を大きくすると、角度が鋭くなります。

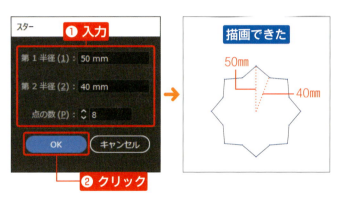

Section

25 直線を描画する

キーワード
- 直線ツール
- 線パネル
- 線幅

直線も基本的な図形と同様、グラフィックの基本となるものです。＜直線＞ツールを使うと、直線が描画できます。描画方法は、基本図形と同様ですので、あわせて確認しましょう。描画した直線の設定は、＜線＞パネルで行います。

直線ツールで直線を描画する

1 直線ツールを選択する

ツールパネルから＜直線＞ツールをクリックして選択します❶。

2 ドラッグして描画する

ドラッグし❶、直線を描画します。

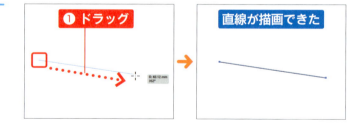

3 水平に描画する

Shiftを押しながら横にドラッグすると❶、水平に描画できます。縦にドラッグすると、垂直に描画できます。

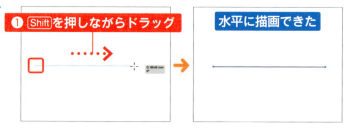

4 中心から描画する

Alt(option)を押しながらドラッグすると❶、ドラッグした箇所を中心に、2方向に伸びる形で直線を描画できます。

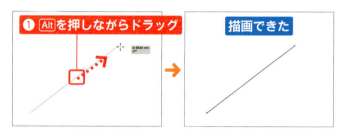

5 数値を指定して描画する

画面上をクリックし、＜直線ツールオプション＞ダイアログボックスを表示します。＜長さ＞＜角度＞に数値を入力し❶、＜線の塗り＞のチェックをはずして❷、＜OK＞をクリックします❸。指定した数値の直線が描けます。

線パネルで線の設定をする

1 線パネルを表示する

メニューバーの＜ウィンドウ＞をクリックし❶、＜線＞をクリックして❷、＜線＞パネルを表示します。

2 線パネルが表示された

＜線＞パネルが表示されました。■をクリックして❶、パネルメニューを表示し、＜オプションを表示＞をクリックして❷、すべての設定を表示します。

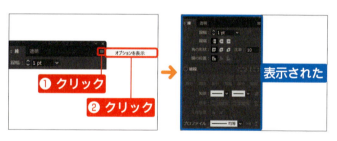

3 線の太さを調整する

描画した線を選択し❶、＜線幅＞の❏をクリックして❷、1ptずつ数値を増減して、線の太さを調整します。

Hint 数値ボックスやリストを使う

数値ボックスに数値を入力したり、■をクリックして表示されるリストから選択して、線幅を指定することもできます。

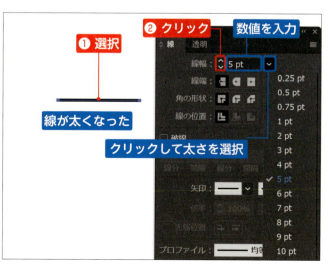

Section 26 フリーハンドで曲線を描画する

キーワード
- 鉛筆ツール
- 鉛筆ツールオプション
- スムーズツール

＜鉛筆＞ツールを使うと、ドラッグしたストローク（軌跡）のパスを描画できます。描画後の曲線ががたついている場合でも、＜スムーズ＞ツールを使えば、パスを滑らかにできます。

鉛筆ツールで曲線を描画する

1 鉛筆ツールを選択する

ツールパネルから＜Shaper＞ツールを長押しし❶、＜鉛筆＞ツールをクリックします❷。

2 鉛筆ツールオプションを表示する

＜鉛筆＞ツールをダブルクリックし❶、＜鉛筆ツールオプション＞ダイアログボックスを表示します。＜オプション＞で右図のようにチェックを入れ❷、＜OK＞をクリックします❸。

> **Hint 描画中にスムーズツールを使用する**
>
> ＜オプション＞の＜Altキーでスムーズツールを使用＞にチェックを入れると、＜鉛筆＞ツールを使用時に、Alt（option）を押して＜スムーズ＞ツールに切り替えることができます。

3 ドラッグして描画する

画面上をドラッグし❶、曲線を描画します。

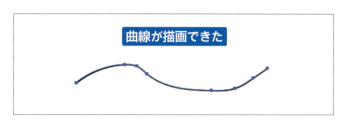

4 曲線が描けた

ドラッグした軌跡の曲線が描けました。＜鉛筆ツールオプション＞ダイアログボックスで＜選択を解除しない＞にチェックを入れたので、描画後もパスが選択されたままです。

スムーズツールでパスを滑らかにする

1 スムーズツールを選択する

ツールパネルから＜Shaper＞ツールを長押しし❶、＜スムーズ＞ツールをクリックします❷。

2 ドラッグして描画する

選択した曲線の上をなぞるようにドラッグし❶、曲線を滑らかにします。

3 滑らかになった

曲線のパスを構成するアンカーポイント（P.80）の数が調整され、曲線が滑らかになりました。

ペンツールで曲線を描画する

＜ペン＞ツールを使うと、滑らかな曲線のほか、曲線と直線を組み合わせた線などを描くことができます。詳しくはP.164以降を参照してください。

Section

27 ドラッグした軌跡の クローズパスを描画する

キーワード
▶ 塗りブラシツール
▶ 塗りブラシツールオプション
▶ 選択範囲のみ結合

＜塗りブラシ＞ツールを使うと、ドラッグしたストローク（軌跡）のクローズパスを描画できます。また、続けて描画したオブジェクトを連結することもできます。

塗りブラシツールで図形を描画する

1 塗りブラシツールを選択する

ツールパネルから＜ブラシ＞ツールを長押しし❶、＜塗りブラシ＞ツールをクリックします❷。

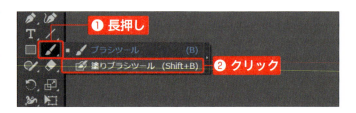

2 塗りブラシツールオプションを表示する

線に色を設定します（P.102）❶。＜塗りブラシ＞ツールをダブルクリックし❷、＜塗りブラシツールオプション＞ダイアログボックスを表示します。右図のようにチェックを入れ❸、＜サイズ＞にブラシサイズを入力して❹、＜OK＞をクリックします❺。

Hint　ブラシサイズの調整

ブラシサイズは、＜塗りブラシツールオプション＞ダイアログボックスの＜サイズ＞で数値を指定する以外に、ショートカットを使って調整することもできます。[を押すとサイズは小さく、]を押すと大きくなります。

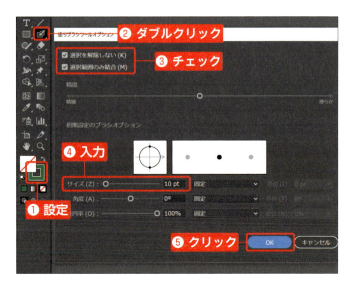

Chapter 4　オブジェクトを描画できるようになろう

092

3 ドラッグして描画する

画面をドラッグし❶、図形を描画します。

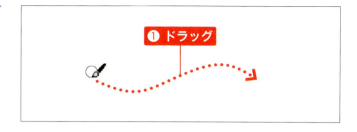

4 塗りのある図形が描けた

ドラッグした軌跡の図形が描けました。線に設定した色は、塗りに置き換えられ、塗りがある図形になります。＜塗りブラシツールオプション＞ダイアログボックスで＜選択を解除しない＞にチェックを入れたので、描画後も選択されたままです。

続けて描画したオブジェクトを連結する

1 続きを描画する

オブジェクトが選択された状態で、オブジェクトの一部が重なるようにドラッグして❶、続きを描画します。

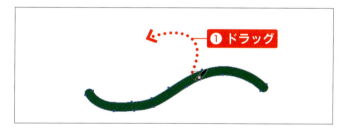

2 続きが連結した

＜塗りブラシツールオプション＞ダイアログボックスで＜選択範囲のみ結合＞にチェックを入れたので、続けて描画したオブジェクトが連結しました。

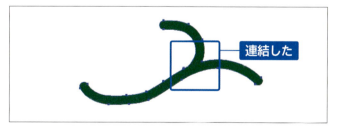

3 オブジェクトを仕上げる

続きを描画してオブジェクトを仕上げます。すべて連結したオブジェクトになりました。

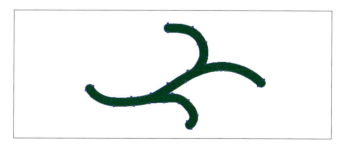

Section

28 オブジェクトの一部を消す

キーワード
▶ 消しゴムツール
▶ 消しゴムツールオプション
▶ パス消しゴムツール

＜消しゴム＞ツールを使うと、オブジェクトの一部を消すことができます。クローズパスの場合、オブジェクトの形状は再構成されます。＜パス消しゴム＞ツールを使うと、より細かい箇所を消すことができます。

Chapter 4 オブジェクトを描画できるようになろう

消しゴムツールでオブジェクトの一部を消す

1 消しゴムツールオプションを設定する

ツールパネルの＜消しゴム＞ツールをダブルクリックして❶＜消しゴムツールオプション＞ダイアログボックスを表示します。＜サイズ＞にブラシサイズを入力して❷、＜OK＞をクリックします❸。

❶ダブルクリック
❷入力
❸クリック

Hint 消しゴムサイズの調整

消しゴムのサイズは、＜消しゴムツールオプション＞ダイアログボックスの＜サイズ＞で数値を指定する以外に、ショートカットを使って調整することもできます。[[]を押すとサイズは小さく、[]]を押すと大きくなります。

Hint ＜消しゴムツールオプション＞ダイアログボックスの設定

＜消しゴムツールオプション＞ダイアログボックスでは、ツールのサイズ以外に、角度（ツールの傾き）と真円率（ツールの丸さ、100％で正円）の設定ができます。＜カリグラフィブラシオプション＞ダイアログボックス（P.252）と同様です。また、＜ランダム＞に切り替えると、＜変位＞の値を元に設定がランダムになります。例えば、角度：30°、変位：10°の場合、角度は20°〜40°の間でランダムになります。真円率とサイズも同様です。ただし、ここで使用する＜消しゴム＞ツールは、オブジェクトの一部を消すことが目的なので、サイズのみ設定しました。

2 オブジェクト上をドラッグする

オブジェクト上をドラッグします❶。オブジェクトは選択していなくてもかまいません。

3 図形の一部が消えた

図形の一部が消えました。オブジェクトを選択すると、クローズパスが再構成されていることがわかります。

パス消しゴムツールで図形の一部を消す

1 パス消しゴムツールを選択する

オブジェクトを選択して、ツールパネルから＜Shaperツール＞を長押しし❶、＜パス消しゴム＞ツールをクリックします❷。

2 パスの上をドラッグする

正確にパスの上をまたぐようにドラッグします❶。

3 図形の一部が消えた

図形の一部が消えました。オープンパスは切断され、別々のパスになります。

Section

29 オブジェクトを切断する

キーワード
- はさみツール
- ナイフツール
- オブジェクトの切断

＜はさみ＞ツールでパスをクリックすると、オブジェクトが切断されて、クローズパスはオープンパスになります。また、＜ナイフ＞ツールでオブジェクト上をドラッグすると、オブジェクトが切断され、クローズパスは再構成されます。

はさみツールでオブジェクトを切断する

1 はさみツールを選択する

オブジェクトを選択して、ツールパネルから＜消しゴムツール＞を長押しし❶、＜はさみ＞ツールをクリックします❷。

2 切断したい箇所をクリックする

パスの切断したい箇所をクリックします❶。続けて、オブジェクトが切断されるよう、同じパス上の別の箇所をクリックします❷。

Hint スマートガイドの活用

＜表示＞メニューから＜スマートガイド＞にチェックを入れておくと、画面上にヒントが表示されます。

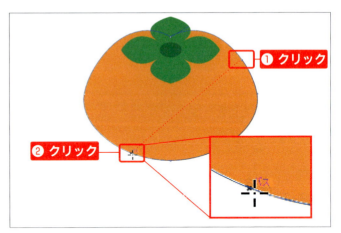

3 オブジェクトが切断された

＜グループ選択＞ツール（P.78）で切断した箇所をドラッグすると、切断できていることがわかります。切断後、クローズパスはオープンパスになります。

ナイフツールでオブジェクトを切断する

1 ナイフツールを選択する

ツールパネルから＜消しゴムツール＞を長押しし❶、＜ナイフ＞ツールをクリックします❷。

2 切断位置をドラッグする

切断したい箇所を切り取るようにドラッグします❶。オブジェクトは選択しなくてもかまいません。

3 切断された

＜グループ選択＞ツール（P.78）で切断した箇所をドラッグすると、切断できていることがわかります。切断後、クローズパスは再構成されます。

Hint 切断後はグループ化されている

＜はさみ＞ツールおよび＜ナイフ＞ツールで切断した後も、オブジェクトはグループ化（P.78）されています。個々のパーツを選択するには、＜グループ選択＞ツールで選択します。

StepUp 切断後のクローズパス、オープンパスの見分け方

慣れないうちは、切断後のオブジェクトの塗りに色が付いていると、クローズパスかオープンパスかわかりにくいものです。仮に、線に色を付けてみると、どちらかわかりやすくなります。

Section

30 パスを連結する

キーワード
- 連結ツール
- 連結コマンド
- 平均コマンド

＜連結＞ツールで2つのオープンパスの上をドラッグすると、オープンパスを連結できます（CCのみ）。また、＜連結＞コマンドを使用することでも、連結することが可能です。それぞれの操作結果は異なるので、使い分けましょう。

連結ツールでパスを連結する（CCのみ）

1 連結ツールを選択する

ツールパネルから＜Shaperツール＞を長押しし❶、＜連結＞ツールをクリックします❷。

2 パスの上をドラッグする

連結したいオープンパスの上をドラッグします❶。オブジェクトは選択しなくてもかまいません。

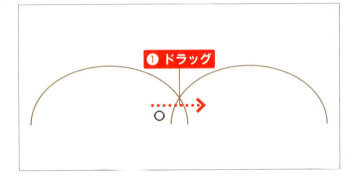

3 オープンパスが連結した

オープンパスが連結しました。

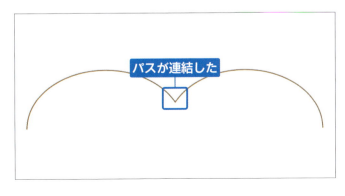

Hint パスの連結のコツ

＜連結＞ツールを使って連結できるパスは2つだけです。また、クローズパスは連結できません。パスの上をドラッグする際は、2つのパスをまたぐようにドラッグします。

連結コマンドで図形を連結する

1 アンカーポイントを選択する

＜ダイレクト選択＞ツールで、連結したい複数のアンカーポイントを選択します❶。アンカーポイントがある領域をドラッグして囲むと、うまく囲めます。

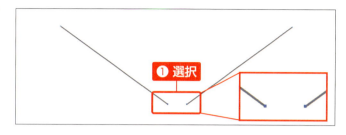

2 連結をクリックする

メニューバーの＜オブジェクト＞をクリックし❶、＜パス＞→＜連結＞をクリックします❷。

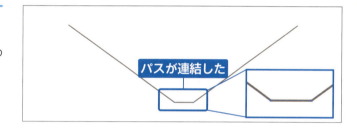

3 パスが連結した

選択したアンカーポイントの間が直線でつながり、パスが連結しました。

StepUp 連結ツールと連結コマンドの結果は異なる

上図の例を、＜連結＞ツールを使って連結すると、結果が異なり、右図のようになります。
＜連結＞コマンドで右図の結果にしたい場合は、連結する前に、連結したいアンカーポイント同士を同じ位置に重ねる必要があります。
まず、2つのアンカーポイントを選択し、メニューバーの＜オブジェクト＞をクリックして❶、＜パス＞→＜平均＞をクリックし❷、＜平均＞ダイアログボックスで＜2軸とも＞を選択して❸、＜OK＞をクリックすると❹、同じ位置に重ねることができます。
この段階では、見た目は連結しているように見えますが、まだ連結していません。続いて、上記の手順2以降を行って、連結しましょう。

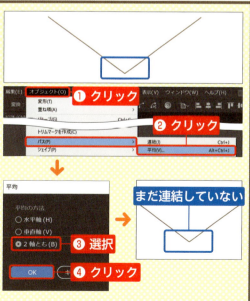

Chapter 4 オブジェクトを描画できるようになろう

円弧ツール、スパイラルツールの使い方

ここでは、＜円弧＞ツール、＜スパイラル＞ツールについて確認しましょう。

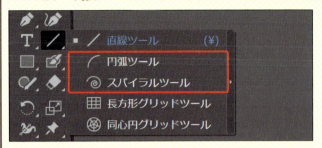

■＜円弧＞ツール

円弧を描くツールです。ツールの上をダブルクリックすると表示される＜円弧ツールオプション＞ダイアログボックスの設定により、さまざまな円弧を描画できます。

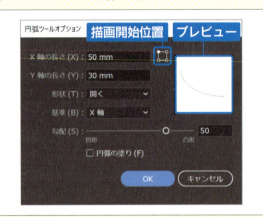

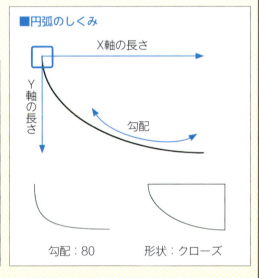

■＜スパイラル＞ツール

らせん（スパイラル）を描くツールです。画面上をクリックすると表示される＜スパイラル＞ダイアログボックスの設定により、さまざまならせんを描画できます。

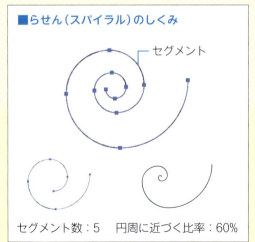

Chapter

5

オブジェクトの配色と
線の設定を使いこなそう

ここでは、描画したオブジェクトに色を
付けたり、線の設定をする方法につい
て確認しましょう。Illustratorには、
配色や線の設定に関する機能が豊富に
用意されており、好きな色やグラデー
ション、パターン（模様）をつくったり、
配色を検討することができます。

Section

31 塗りと線を設定する

キーワード
- 塗りと線
- 塗りと線を入れ替え
- 初期設定の塗りと線

オブジェクトの内面を「塗り」、輪郭線を「線」といいます。ここでは、オブジェクトの塗りと線の色を入れ替えたり、塗りと線を初期設定の状態に戻したりする基本操作を確認しましょう。

塗りと線

オブジェクトの内面を**塗り**、輪郭線を**線**といいます。塗りボタンと線ボタンのうち、**クリックしたほうが前面になり、設定の対象になります。**＜カラー＞パネル、＜スウォッチ＞パネル、＜グラデーション＞パネル、カラーピッカーなどを使うと、塗りと線にカラー、グラデーション、パターンを割り当てることができます。また、線は、＜線＞パネルで太さを変えたり、破線にしたりできます。

＜ツール＞パネルと＜カラー＞パネルの塗りと線は連動している

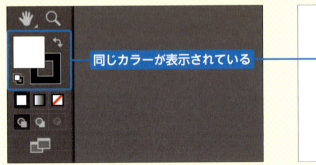 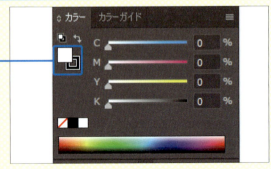

同じカラーが表示されている

塗りボタンと線ボタンのうち、クリックしたほうが前面になり、設定の対象になる

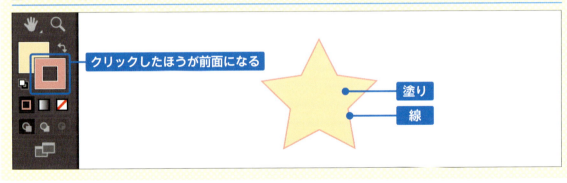

クリックしたほうが前面になる

塗り / 線

塗りと線の色を入れ替える

1 塗りと線を入れ替える

オブジェクトを選択し❶、ツールパネルの＜塗りと線を入れ替え＞をクリックします❷。Shift+Xを押しても、入れ替えることができます。

2 塗りと線の色が入れ替わった

塗りと線の色が入れ替わりました。

塗りと線を初期設定の状態に戻す

1 初期設定の塗りと線に戻す

オブジェクトを選択し❶、ツールパネルの＜初期設定の塗りと線＞をクリックします❷。Dを押しても、初期設定の状態に戻すことができます。

2 初期設定の状態に戻った

塗りと線が初期設定の状態に戻りました。

Hint 初期設定の塗りと線

初期設定では、塗りは白、線は黒になるほか、線幅は1ptになります。

Section 32 色を作成する

キーワード
▶ カラーパネル
▶ カラーモード
▶ スペクトル

＜カラー＞パネルを使うと、任意の色を作成できます。＜カラー＞パネルのカラーモードは、新規ドキュメントを作成したときの設定に基づいて表示されるので、制作物に応じて、適切なカラーモードで作業しましょう。

カラーパネルで任意の色を作成する

1 カラーパネルを表示する

メニューバーの＜ウィンドウ＞をクリックし❶、＜カラー＞をクリックすると❷、カラーパネルが表示されます。

Hint すべての設定を表示する

＜カラー＞パネルが右図のように表示されていないときは、■をクリックしてパネルメニューを表示し、＜オプションを表示＞をクリックし、すべての設定を表示します。

2 カラースペクトルをクリックする

オブジェクトを選択し❶、カラースペクトル（カラー分布のバー）の上にマウスポインターを合わせ、スポイトアイコンに変化したら、クリックします❷。

Hint 色を作成する時のコツ

オブジェクトを選択しなくても色の作成はできますが、オブジェクトを選択して、塗りを前面にしておくと、作成した色のイメージがつかみやすくなります。

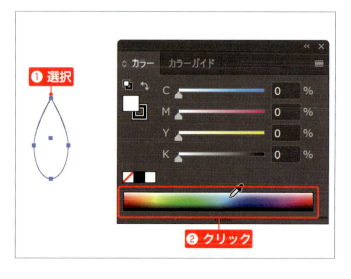

3 色の値を調整する

選択した色の値を取得し、任意の色を作成できました。微調整が必要であれば、各数値ボックスに入力するか❶、スライダーをドラッグして❷、調整します。

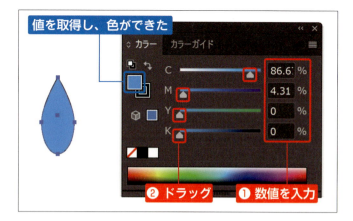

StepUp カラーモードとは

カラーモードとは、色の表現方法を定義するもので、制作物に応じて使い分けます。＜カラー＞パネルに表示されるカラーモードは、新規ドキュメント作成時の設定に基づきます。
印刷物を作成する場合は、C（シアン）・M（マゼンタ）・Y（イエロー）・K（ブラック）の4色を混ぜて色をつくる**CMYKカラーモード**を使用します❶。各0～100％の値を指定し、すべて100％で黒になります。減法混色ともいいます。
Web用の素材を作成する場合は、R（レッド）・G（グリーン）・B（ブルー）の3色を混ぜて色をつくる**RGBカラーモード**を使用します❷。各0～255の値を指定し、すべて255で白になります。加法混色ともいいます。

StepUp 警告マークが表示された場合の対処法

カラーを作成する際に、警告マークが表示されることがあります。⚠マークは、色域外（印刷で表現できない色）であることを表し、◾マークは、Webセーフカラー（OSやコンピューターの違いに関わらず、同じように表示される色）でないことを表します。各マークをクリックすると、警告マークは消え、表現可能な近似色に自動で置き換わります。
なお、バナーなどWeb用の素材を作成する場合は、＜カラー＞パネルのパネルメニューの＜WebセーフRGB＞にチェックを入れると、Webセーフカラー対応になります。◾マークが表示されなくなるので、効率がよいでしょう。また、チラシなど印刷用の画像を作成する場合は、⚠マークが表示される色を使用しないほうがよいでしょう。

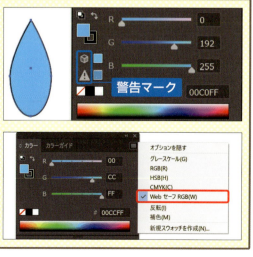

Section

33 作成した色を登録する

キーワード
- スウォッチパネル
- ライブラリパネル
- スウォッチライブラリ

スウォッチとは、カラー、グラデーション、パターンに名前を付けて登録したものです。＜カラー＞パネルで作成した色を＜スウォッチ＞パネルに登録しておくと、使いたいときにすぐに呼び出せるので便利です。

作成した色をスウォッチパネルに登録する

1 スウォッチパネルを表示する

メニューバーの＜ウィンドウ＞をクリックし❶、＜スウォッチ＞をクリックします❷。

2 スウォッチパネルが表示された

＜スウォッチ＞パネルが表示されました。パネル下部にマウスポインターを合わせ、が表示されたら上下にドラッグすると❶、パネルの高さを調整できます。

3 オブジェクトを選択する

登録したい色を適用したオブジェクトを選択し❶、＜新規スウォッチ＞をクリックします❷。

4 スウォッチ名を付けて登録する

<新規スウォッチ>ダイアログボックスが表示されます。<名前>には、作成したカラー値が表示されますが、独自の名前を入力することもできます❶。<ライブラリに追加>をクリックしてチェックを入れて❷（CCのみ）、追加するライブラリを選択し❸、<OK>をクリックします❹。

Hint ライブラリパネル（CCのみ）

<ライブラリに追加>にチェックを入れると、PhotoshopやInDesignなどのCreative Cloudのほかのソフトでも使用できます。制作物の一貫した作業をする際に便利です。

5 色を登録できた

<スウォッチ>パネルと<ライブラリ>パネルに、色を登録できました。以降は、オブジェクトを選択し、登録したスウォッチをクリックすると適用できます。

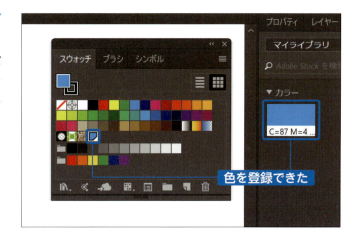

StepUp 登録したスウォッチはドキュメントに保存される

登録したスウォッチはドキュメントに保存されるため、ほかのドキュメントを開いたり、新規のドキュメントを作成した際の<スウォッチ>パネルにはありません。
目的のスウォッチを使用したい場合は、<スウォッチ>パネルの<スウォッチライブラリメニュー>をクリックし❶、<その他のライブラリ>をクリックして❷、スウォッチを保存したドキュメントを選択すると、そのドキュメントに保存されたスウォッチを呼び出せます。なお、<ライブラリ>パネルを使えば、この手間を省けて便利です。

Section

34 破線を作成する

キーワード
- 線パネル
- 破線
- 線端

＜線＞パネルを使うと、オブジェクトの線を詳細に設定できます。＜線幅＞で線の太さを変えられるほか、破線や点線などといったさまざまな線をつくることができます。

線パネルで破線を作成する

1 線パネルを表示する

メニューバーの＜ウィンドウ＞をクリックし❶、＜線＞をクリックします❷。

2 線パネルが表示された

＜線＞パネルが表示されました。■ をクリックして❶、パネルメニューを表示し、＜オプションを表示＞をクリックして❷、すべての設定を表示します。

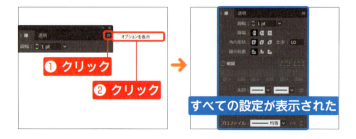

3 線の太さを調整する

描画した線（P.88）を選択し❶、＜線幅＞の ■ をクリックして❷、1ptずつ数値を増減して、線の太さを調整します。数値ボックスに数値を入力したり、■ をクリックして表示されるリストから選択することもできます。

4 破線にする

<破線>をクリックしてチェックを入れると❶、<線分>と<間隔>の数値ボックスが入力可能になります。初期設定では<線分>の値は12ptで、<間隔>の値は空ですが、同じ12ptで繰り返されます。

> **Hint <線分>と<間隔>**
>
> <線分>と<間隔>は、破線特有の設定です。<線分>とは、線の長さのことで、<間隔>は線と線の間隔のことです。数値によって、さまざまな破線が作成できます。

5 破線の設定をする

<線分>と<間隔>に数値を入力して変更します❶。
<線端>で<丸型線端>をクリックします❷。<丸型線端>と<線分：0pt>の組み合わせを使うと、数珠のような点線ができます。

線分	0pt
間隔	10pt
線端	丸型線端

> **Hint 線端**
>
> <線端>とは、線の端の形状のことです。バット線端(初期設定)、丸型線端、突出線端の3種類があり、丸型線端、突出線端の2つは、実際の線よりも線幅の半分がはみ出して見えます。

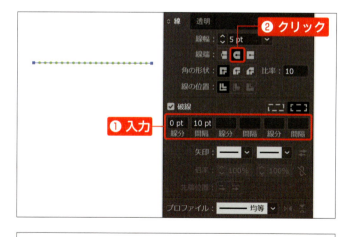

・<線幅：5pt>の半分の2.5ptが端から丸くはみ出して見える
・<線分：0pt＝長さがない>ので、
　半円がつながって5ptに見える
・<間隔>を<線幅>より大きくすると間隔があく

Section 35 矢印を作成する

キーワード
- 線パネル
- 矢印
- 倍率

<線>パネルで<矢印>の設定をすると、矢印をつくることができます。矢印は、パス(P.80)の始点と終点の2箇所に設定でき、矢印の種類やサイズを変更することもできます。資料の作成などにも役立つでしょう。

線パネルで矢印を作成する

1 始点側を矢印にする

描画した線(P.88)を選択し❶、<矢印>の左側の ⌄ (始点)をクリックして❷、目的の矢印の種類をクリックします❸。

Hint 矢印の設定

矢印は、パス(P.80)の始点と終点の2箇所に設定できます。始点と終点の2箇所に設定すると、両矢印になります。

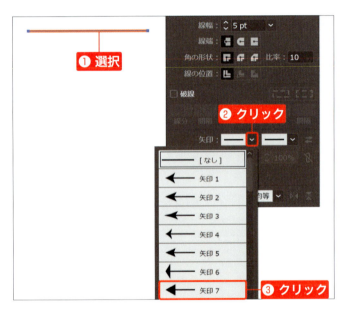

2 線が矢印になった

線が矢印になりました。矢印のサイズは、<線幅>のサイズに応じて自動で設定されます。

Hint 元の線に戻す

元の線に戻すには、<矢印>で<なし>を選択します。

3 矢印のサイズを調整する

矢印のバランスが悪いときは＜倍率＞でサイズの比率を調整します。 をクリックして❶、1％ずつ数値を増減して、サイズを調整するほか、数値ボックスに数値を入力することもできます（ここでは40％に設定）。

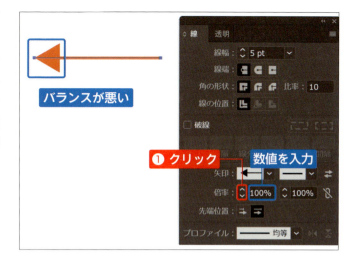

4 矢印のサイズが変わった

矢印のサイズが変わり、バランスが整いました。

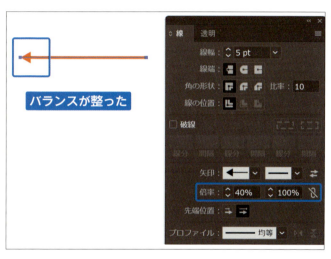

Hint 両矢印の場合

始点と終点の両方に矢印の設定をした場合、異なるサイズの矢印にすることもできます。

StepUp 矢の先端位置を変更する

＜先端位置＞では、矢印の先端の位置を変更することができます。矢を実際の線の端からはみ出させるには、＜矢の先端をパスの終点から配置＞ を選択します❶。矢を実際の線の長さに収めるには、＜矢の先端を終点に配置＞ を選択します❷。通常は、❷の設定の矢印のほうが、ほかのオブジェクトとサイズを揃えやすいなどの点で扱いやすくなります。

Section 36 線に強弱を付ける

キーワード
- 線幅ツール
- 可変線幅
- 可変線幅プロファイル

線の太さは通常、＜線＞パネルの＜線幅＞で設定した均一の太さになりますが、＜線幅＞ツールを使うと、1本の線の中で強弱を付けることができます。強弱を付けて太さを変えられる線幅を「可変線幅」といいます。

線幅ツールで線に強弱を付ける

1 線幅ツールを選択する

ツールパネルから＜線幅＞ツールをクリックします❶。

2 ドラッグして線幅を調整する

線の上にマウスポインターを合わせると❶、現在の線幅が表示されます。外側に向かって、線に対して垂直にドラッグします❷。

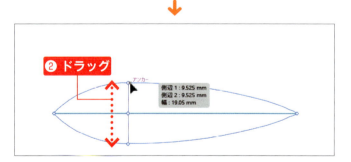

Hint 幅と側辺

表示される＜幅＞は、線の幅です。＜側辺＞は、線のパスを中心とした両側の幅のことで、＜側辺1＞と＜側辺2＞があります。パスに対して上（右）が＜側辺1＞、下（左）が＜側辺2＞になります。

Hint 片側の側辺だけ調整する

ドラッグすると、両側の幅は、均等に増減するので、＜側辺1＞と＜側辺2＞は同じ値になります。片側の幅だけを調整したい場合は、Alt（option）を押しながらドラッグします。

3 線に強弱が付いた

線上に線幅ポイントが追加され、線幅に強弱が付きました。

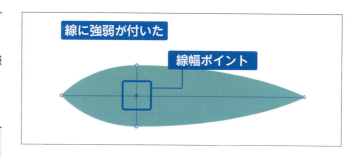

線幅ポイント

線上にできた点を線幅ポイントといいます。線幅ポイントの上をドラッグすると、点の位置を調整できます。

4 線幅ポイントを追加する

さらに線幅ポイントを追加します。小さめにドラッグすると、幅が小さくなります❶。また、元々あったアンカーポイント部分の線幅も、ドラッグして調整できます❷。

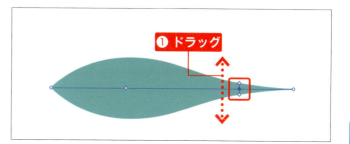

均等な線にする

可変線幅を持つ線を、均等な線にするには、<プロファイル>の<均等>を適用します。最も太い線幅で均等になります。

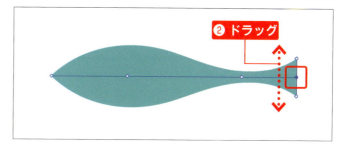

StepUp 可変線幅をプロファイルに追加する

完成した線を選択して❶、<線>パネルの<プロファイル>の をクリックし❷、<プロファイルに追加> をクリックします❸。<可変線幅プロファイル>ダイアログボックスが表示されるので、<プロファイル名>に名前を入力し❹、<OK>をクリックします❺。以降は<プロファイル>から選択すれば、ほかの線に同じ可変線幅を適用できます。適用後、<線幅>でバランスを調整します。

Chapter 5 オブジェクトの配色と線の設定を使いこなそう

113

Section

37 グラデーションを作成する

キーワード
- グラデーションパネル
- 種類
- 分岐点

＜グラデーション＞パネルを使うと、任意の色でグラデーションをつくることができます。＜分岐点＞に色を指定したり、＜種類＞＜角度＞＜位置＞などの設定を組み合わせて、多彩なグラデーションを作成できます。

グラデーションの種類

グラデーションの種類には、**線形**と**円形**があり、＜グラデーション＞パネルで指定します。
線形グラデーションは、水平方向・垂直方向に向かって伸びるグラデーションで、＜角度＞の設定により、さまざまな方向のグラデーションをつくることができます（負の値で時計回りに回転）。
円形グラデーションは、中心から外側に向かって伸びるグラデーションで、＜縦横比＞の設定により、さまざまな真円率（円の丸み、100%で正円）のグラデーションをつくることができます。

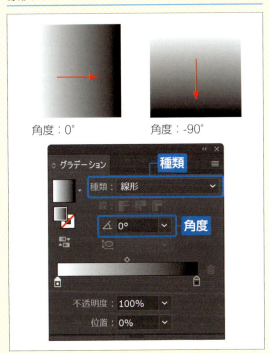

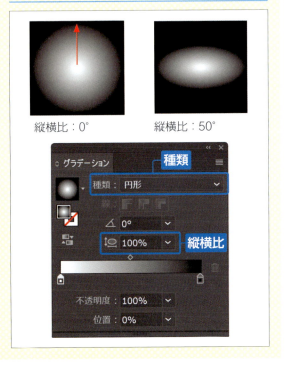

グラデーションの色・不透明度・位置

グラデーションの色は、＜グラデーション＞パネルの**分岐点**で設定します。分岐点には、**開始分岐点**と**終了分岐点**の2つがあり、2色のグラデーションを作成できます。3色以上のグラデーションを作成するには、分岐点を追加します (P.118)。
分岐点に色を設定するには、分岐点の上をダブルクリックし、＜スウォッチ＞パネル (P.106) と＜カラー＞パネル (P.104) を表示して色を作成し、Enterを押して確定します。分岐点ごとに色を設定し、グラデーションを作成します。

また、分岐点に設定した色には、**不透明度** (P.136) も設定できます。分岐点をクリックして選択し、＜不透明度＞で設定します。

分岐点は、ドラッグして**位置**を調整することができ、＜位置＞の値と連動します。位置を調整すると、グラデーションを構成する色の幅が変わります。

分岐点ごとに色・不透明度・位置を設定できる

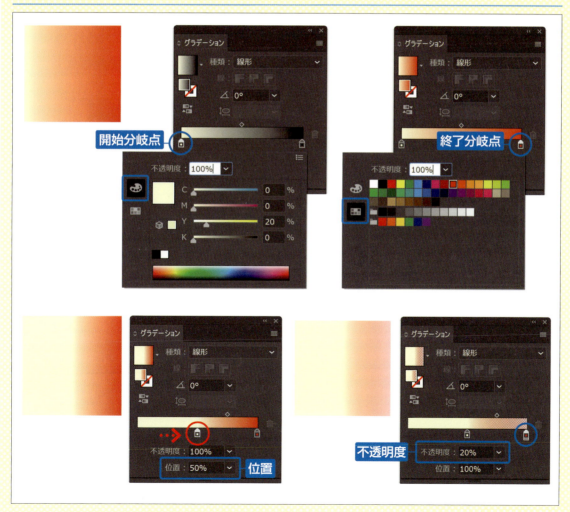

グラデーションパネルでグラデーションを作成する

1 グラデーションパネルを表示する

メニューバーの＜ウィンドウ＞をクリックし❶、＜グラデーション＞をクリックして❷、＜グラデーション＞パネルを表示します。

2 グラデーションの種類を選択する

オブジェクトを選択し❶、＜種類＞の▼をクリックして❷、グラデーションの種類（線形か円形）をクリックして選択します❸。ここでは線形を選択します。

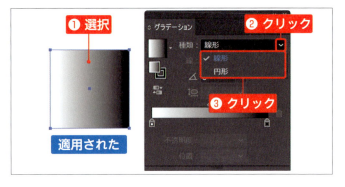

Hint 初期設定のグラデーション

初期設定のグラデーションは、白黒です。

StepUp 線にグラデーションを設定する

オブジェクトの線にグラデーションを設定することもできます。設定後、＜グラデーション＞パネルの＜線＞で、グラデーションの適用方法を指定します。
❶線にグラデーションを適用
❷パスに沿ってグラデーションを適用
❸パスに交差してグラデーションを適用

3 角度を選択する

＜角度＞の ▼ をクリックし❶、グラデーションの角度をクリックして選択します❷。

Hint 円形の角度

円形の場合、＜真円率＞（P.114）が100%だと、角度を変えても同じになります。

4 始点の分岐点に色を設定する

始点の分岐点 をダブルクリックし❶、表示されるパネルで任意の色をクリックします❷。分岐点の上をクリックすると、パネルが閉じます。

Hint パネルの切り替え

パネルは、左横のボタンをクリックして、＜スウオッチ＞パネル と＜カラー＞パネル に切り替えることができます。

5 終点の分岐点に色を設定する

同様に、終点の分岐点 をダブルクリックし❶、表示されるパネルで任意の色をクリックします❷。

Hint 分岐点の追加

色を設定する分岐点は、追加して3色以上にすることもできます（P.118）。

6 分岐点の位置を調整する

分岐点 をドラッグし❶、グラデーションの配色バランスを調整します。

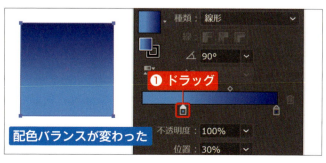

Section

38 グラデーションを編集する

キーワード
- グラデーションパネル
- グラデーションツール
- グラデーションガイド

<グラデーション>パネルでは、分岐点を追加して3色のグラデーションをつくることができます。また、<グラデーションガイド>は、<グラデーション>パネルと同様の機能を持ち、直感的に操作できるツールです。

分岐点を追加して3色のグラデーションにする

1 分岐点を追加する

グラデーションを適用したオブジェクトを選択します❶。<グラデーション>パネルのスライダー付近にマウスポインターを合わせ、が表示されたらクリックして❷、分岐点を追加します。

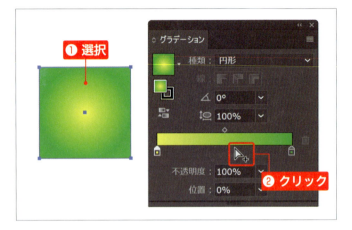

2 追加した分岐点を設定する

クリックした箇所に分岐点が追加され、両側の分岐点の中間色が設定されます。追加した分岐点のカラーを設定し（P.117）❶、<位置>（P.117）を調整して❷、3色のグラデーションにします。

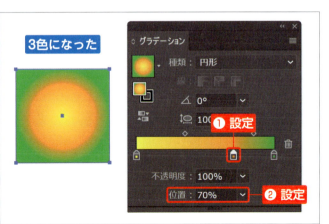

Hint 分岐点の追加・削除

4色以上のグラデーションにしたい場合は、同様に分岐点を追加します。また、分岐点を削除するには、分岐点を選択し、<分岐点を削除> をクリックします。

グラデーションツールでグラデーションを編集する

1 グラデーションツールを選択する

ツールパネルから＜グラデーション＞ツールをクリックします❶。

2 グラデーションガイドを表示する

オブジェクトをクリックすると❶、グラデーションガイドが表示されます。

> **Hint グラデーションガイドとは**
> ＜グラデーション＞パネルと同様の機能を持つガイドです。線形と円形では、グラデーションガイドの表示が異なります。

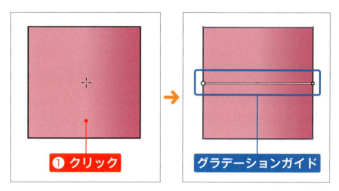

3 スライダーを表示する

グラデーションガイドの上にマウスポインターを合わせると❶、＜グラデーション＞パネルと同様に、スライダーが表示され、分岐点の色を変更したり、追加したりできます。

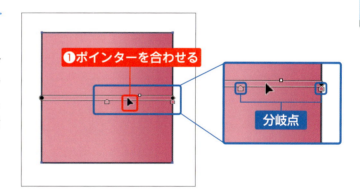

StepUp グラデーションの角度や範囲を調整する

右端にマウスポインターを合わせ、マウスポインターが変化したらドラッグで角度を変更できます❶。また、左端の丸型をドラッグすると、原点（固定位置）を変更できます。右端の四角をドラッグすると、グラデーションの範囲を調整できます。
また、グラデーションも＜スウォッチ＞パネルに登録できますが（P.106）、角度等の調整は保存されません。

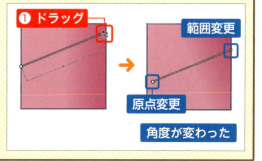

Section 39 グラデーションでオブジェクトに立体感を出す

キーワード
- メッシュツール
- ダイレクト選択ツール
- メッシュライン

＜メッシュ＞ツールを使うと、オブジェクトにグラデーションを付け、立体感を出すことができます。＜ダイレクト選択＞ツールで、メッシュライン上のアンカーポイントを選択し、カラーを適用します。

メッシュツールを使ってオブジェクトにグラデーションを付ける

1 ツールを選択する

ツールパネルから＜メッシュ＞ツールをクリックします❶。

2 メッシュラインを作成する

グラデーションを設定したい箇所をクリックします❶。

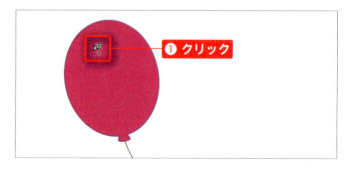

3 メッシュラインができた

オブジェクトにメッシュラインができました。作成直後は、メッシュライン上のメッシュポイントが選択されています。

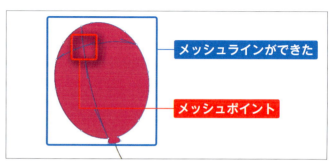

Hint メッシュラインとは

メッシュラインとは網状のラインで、グラデーションを設定できます。メッシュライン上のメッシュポイントを移動したり編集して、色の適用範囲を調整します。

4 グラデーションを設定する

メッシュライン上のメッシュポイントを選択した状態でカラーを適用すると❶、陰影が付きます。

Hint メッシュラインを削除する

メッシュラインを削除してやり直すには、作成したメッシュポイントを＜ダイレクト選択＞ツールで選択し、BackSpaceを押します。

グラデーションが設定された

5 陰影の位置を調整する

＜ダイレクト選択＞ツールで、カラーを適用したメッシュポイントをドラッグして移動し❶、陰影の位置を調整します。また、メッシュポイントから出ている方向線（P.164）をドラッグして調整することもできます。

Hint カラーの適用幅の調整

メッシュポイントから出ている方向線が長いと、割り当てた色の適用幅が大きくなります。適用幅を小さくしたい場合は、方向線を短めに調整します。

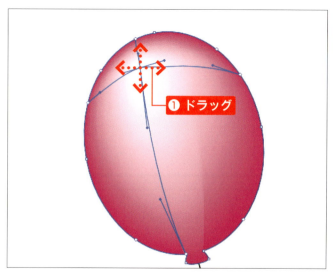

6 オブジェクトに立体感が出た

オブジェクトにグラデーションを付けて、立体感を出すことができました。

Hint メッシュポイントを追加する

＜メッシュ＞ツールでクリックすると、さらにメッシュポイントを追加できます。

オブジェクトに立体感が出た

Section

40 パターンを作成する

キーワード
- スウォッチパネル
- タイル
- 透明の四角形

パターンとは、模様のことです。パターンの元となるタイル（模様の一区画）を作成し、＜スウォッチ＞パネルに登録すれば、さまざまなサイズのオブジェクトにパターンを適用できます。

パターン（模様）はタイル（模様の一区画）の繰り返し

パターンとは、繰り返して使う模様のことです。オブジェクトにパターンを設定するには、パターンの元となる**タイル（模様の一区画）**を作成し、＜スウォッチ＞パネルに登録します。オブジェクトにパターンを適用すると、タイルが繰り返され、模様になります。

パターンは、**アートボードの左上（座標の原点）から繰り返し**ます。そのため、オブジェクトの位置によって、パターンの見え方は異なります。また、パターンは、オブジェクトに適用後、**大きさや角度などを変更できる**ため（P.126）、同じパターンでも、バリエーションを広げることができます。

パターンの元となるタイルを登録する

パターンは、アートボードの左上から繰り返される

オブジェクトの位置によってパターンの見え方は異なる

水玉模様を作成する

1 正円を作成する

＜楕円形＞ツールで正円を作成し（P.85）❶、色を設定します（P.104）❷。

サイズ	10mm×10mm
塗りのカラー	C= 50%
線のカラー	なし

Hint タイル作成時の注意点

タイルとなるオブジェクトに、グラデーションやパターンを適用すると、＜スウォッチ＞パネルに登録できません。

❶ 作成　❷ 設定

2 スウォッチパネルに登録する

完成した正円を選択し❶、＜スウォッチ＞パネルにドラッグ＆ドロップします❷。

Hint 登録時のコツ

＜スウォッチ＞パネルのグレーの空き領域に向かってドラッグ＆ドロップすると、ほかのスウォッチの間に入り込まず、末尾に登録できます。

❶ 選択　❷ ドラッグ＆ドロップ

3 登録したパターンを適用する

＜スウォッチ＞パネルにパターンが登録できました。ほかのオブジェクトを選択し❶、＜スウォッチ＞パネルのパターンをクリックして適用し❷、仕上がりを確認します。

Hint タイルが繰り返される

パターンは、登録したタイルがそのまま繰り返されます。ここでは、正円を登録したので、隙間なく繰り返されます。

❷ クリック
❶ 選択
パターンが適用された
登録できた

隙間があるパターンを作成する

1 四角形を作成する

<長方形>ツールで、先に作った正円より一回り大きい四角形を作成します❶。後で透明にするので、何色でもかまいません❷。

サイズ	15mm×15mm

2 正円と四角形を整列する

<整列>パネルを表示します(P.72)。正円と四角形の両方を選択し❶、正円をクリックしてキーオブジェクトにします❷。<水平方向中央に整列>をクリックし❸、<垂直方向中央に整列>をクリックします❹。

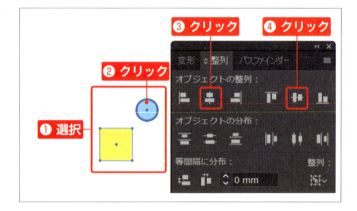

3 四角形を最背面にする

正円と四角形が整列しました。後に作成した四角形が前面になっています。四角形だけを選択し❶、メニューバーの<オブジェクト>をクリックして❷、<重ね順>→<最背面へ>をクリックします❸。

Hint 隙間用の四角形

最背面にする四角形は、パターンの隙間として認識させるためのもので、最終的に透明にして、一緒にパターンとして登録します。ここではオブジェクトが2つしかないので、<背面へ>でも同じ結果になります。なお、この四角形の領域内のオブジェクトが、タイルとして認識されます。

4 四角形を透明にする

四角形が最背面に移動しました。四角形を選択したままで、＜スウォッチ＞パネルの＜なし＞をクリックし❶、塗りも線も透明にします。

5 スウォッチパネルに登録する

正円と四角形を選択し❶、＜スウォッチ＞パネルにドラッグ＆ドロップします❷。

Hint 透明オブジェクトの選択

透明のオブジェクトは、クリックで選択できないので、ドラッグで囲んで選択します。

6 登録したパターンを適用する

＜スウォッチ＞パネルにパターンが登録できました。ほかのオブジェクトを選択し❶、＜スウォッチ＞パネルのパターンをクリックして適用して❷、仕上がりを確認します。最背面の透明の四角形が、隙間を認識させる役割となり、隙間があるパターンになりました。

Hint 登録後のタイル

パターンとして登録したら、はじめに作成したタイルは削除してもかまいません。また、パネルに登録したタイルを＜スウォッチ＞パネルの外にドラッグ＆ドロップすると、取り出すこともできます。

Chapter 5 オブジェクトの配色と線の設定を使いこなそう

Section

41 パターンを変形する

キーワード
- パターンの変形
- 拡大・縮小ツール
- 回転ツール

変形系のツールや＜選択＞ツールのオプションにある＜パターンの変形＞の機能を使うと、オブジェクトのサイズはそのままで、適用したパターンのみを変形できます。パターンのバリエーションを増やすことができるので、便利です。

パターンを縮小する

1 拡大・縮小ツールを選択する

パターンを適用したオブジェクトを選択し❶、ツールパネルの＜拡大・縮小＞ツールをダブルクリックします❷。

2 拡大・縮小の比率を入力する

＜拡大・縮小＞ダイアログボックスが表示され、オブジェクトの中心に、拡大・縮小の基準を表すマーク が表示されます。＜拡大・縮小＞の＜縦横比を固定＞に数値（ここでは50）を入力し❶、＜オプション＞の＜オブジェクトの変形＞＜パターンの変形＞の両方をクリックしてチェックを入れて❷、＜プレビュー＞をクリックしてチェックを入れます❸。すると、オブジェクト自体のサイズが変わることがわかります。

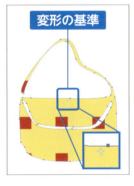
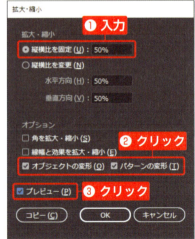

Hint 変形の基準

変形系のツールを選択したときに表示される基準のマークは、初期状態でオブジェクトの中心になります。

3 パターンのみ変形する

<オプション>の<オブジェクトの変形>をクリックしてチェックをはずし❶、<パターンの変形>のみにチェックを入れた状態にします。すると、オブジェクト自体のサイズはそのままで、適用したパターンのみを拡大・縮小できます。<OK>をクリックして❷、ダイアログボックスを閉じます。

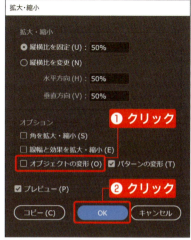

4 パターンを縮小できた

オブジェクト自体のサイズはそのままで、適用したパターンのみを縮小できました。

元のオブジェクト / パターンのみ縮小した

StepUp 角と線幅の拡大・縮小

角丸長方形を拡大・縮小する場合、<拡大・縮小>ダイアログボックスの<オプション>にある❶**<角を拡大・縮小>**にチェックを入れると、オブジェクトの拡大・縮小に合わせて、角も拡大・縮小します。

また、線を持つオブジェクトを拡大・縮小する場合、❷**<線幅と効果を拡大・縮小>**にチェックを入れると、オブジェクトの拡大・縮小に合わせて、線幅も拡大・縮小します❸。<線幅と効果を拡大・縮小>の設定は、バウンディングボックス（P.70）による拡大・縮小時にも使われます。

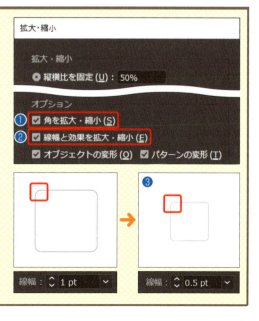

Chapter 5 オブジェクトの配色と線の設定を使いこなそう

パターンを回転する

1 回転ツールを選択する

パターンを適用したオブジェクトを選択し❶、ツールパネルの＜回転＞ツールをダブルクリックします❷。

2 回転させる角度を入力する

＜回転＞ダイアログボックスが表示され、オブジェクトの中心に、回転の基準を表すマーク が表示されます。
＜回転＞の＜角度＞に数値（ここでは45）を入力し❶、＜オプション＞の＜オブジェクトの変形＞＜パターンの変形＞の両方をクリックしてチェックを入れて❷、＜プレビュー＞をクリックしてチェックを入れます❸。すると、オブジェクト全体が回転することがわかります。

 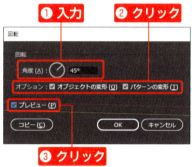

3 パターンのみ回転させる

＜オプション＞の＜オブジェクトの変形＞をクリックしてチェックをはずし❶、＜パターンの変形＞のみにチェックを入れた状態にします。すると、オブジェクト自体の角度はそのままで、適用したパターンのみを回転できます。＜OK＞をクリックして❷、ダイアログボックスを閉じます。

 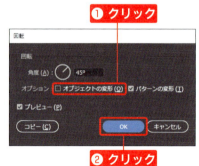

4 パターンを回転できた

オブジェクト自体の角度はそのままで、適用したパターンのみを回転できました。

Hint オブジェクトのみ回転する

パターンはそのままで、オブジェクトのみを回転するには、＜回転＞ダイアログボックスのオプションで、＜オブジェクトの変形＞のみチェックを入れます。

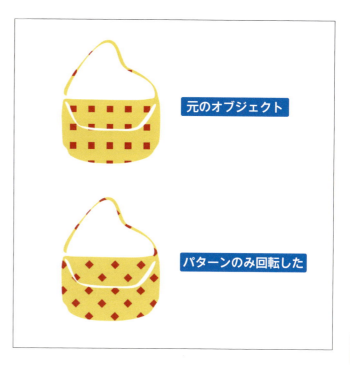

元のオブジェクト

パターンのみ回転した

StepUp リフレクトツール、シアーツール、パターンの変形

＜拡大・縮小＞ツールと＜回転＞ツール以外の変形系ツールである❶＜リフレクト＞ツール (P.158) の＜リフレクト＞ダイアログボックスと、❷＜シアー＞ツール (P.160) の＜シアー＞ダイアログボックスにも＜パターンの変形＞の機能があります。❸＜選択＞ツール (P.62) の＜移動＞ダイアログボックスにもあり、パターンを移動できるので、オブジェクトに適用したパターンの見え方を調整するのに便利です。ただし、パターンによっては、これらの機能を使っても、結果がわかりにくいものもあります。

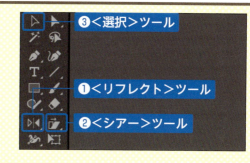

❸＜選択＞ツール
❶＜リフレクト＞ツール
❷＜シアー＞ツール

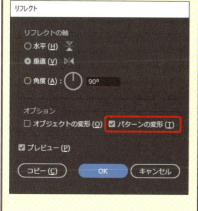
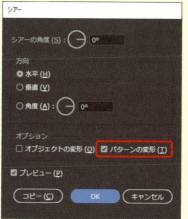
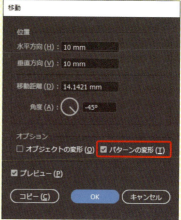

Chapter 5 オブジェクトの配色と線の設定を使いこなそう

Section 42 スウォッチライブラリを活用する

キーワード
- スウォッチライブラリ
- スウォッチパネル
- スウォッチの整理

スウォッチライブラリとは、Illustratorに付属しているスウォッチのサンプルです。テーマ別に分かれており、配色のヒントになります。色（カラー）だけでなく、グラデーションやパターンも用意されていて、手軽に利用できます。

スウォッチライブラリメニューからテーマを選択する

1 テーマを選択する

＜スウォッチ＞パネルの＜スウォッチライブラリメニュー＞をクリックし❶、読み込みたいテーマをクリックします❷。

Hint そのほかのライブラリ

新規で作成したスウォッチは、そのとき開いているドキュメントに保存されます（P.107）。ほかのドキュメントのスウォッチを使用したい場合は、＜スウォッチライブラリメニュー＞の一番下にある＜その他のライブラリ＞をクリックし、該当するドキュメントを選択して読み込みます。

Hint カラーブックとは

＜カラーブック＞には、メーカー別の特色が用意されています。あらかじめ市販の特色見本帳で色を選び、データの作成時にIllustratorで指定します。

2 ライブラリが表示された

＜スウォッチ＞パネルとは別に、読み込んだテーマのスウォッチライブラリが表示されます。登録したいカラースウォッチを＜スウォッチ＞パネルにドラッグ＆ドロップします❶。

スウォッチライブラリが表示された

3 スウォッチを登録できた

カラースウォッチを＜スウォッチ＞パネルに登録できました。

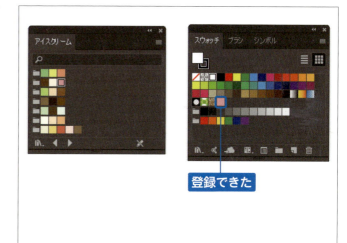

登録できた

Hint そのほかのスウォッチの登録

グラデーションスウォッチとパターンスウォッチは、クリックすると、自動的に登録されます。

クリック

StepUp スウォッチを使いやすく整理するには

■スウォッチを削除したい
スウォッチを選択し、＜スウォッチを削除＞ 🗑 をクリックすると❶、スウォッチを削除できます。

■複数のカラースウォッチをグループにまとめたい
複数のカラースウォッチを Shift を押しながらクリックして選択し、＜新規カラーグループ＞ をクリックすると❷、グループにまとめることができます。グラデーションスウォッチとパターンスウォッチには使用できません。

■スウォッチを種類ごとに表示したい
＜スウォッチの種類メニューを表示＞ をクリックすると❸、カラー、グラデーション、パターン、カラーグループなどの種類ごとの表示に切り替えることができます。

Chapter 5 オブジェクトの配色と線の設定を使いこなそう

Section 43 オブジェクトの配色を変更する

キーワード
- オブジェクトを再配色
- ハーモニールール
- カラーグループ

＜オブジェクトを再配色＞の機能を使うと、複雑なアートワークを、ハーモニールール（色彩学に基づいた配色ルール）に従って再配色できます。再配色で使用した色は、カラーグループとして保存できます。

ハーモニールールを使って配色する

1 オブジェクトを再配色を選択する

オブジェクトを選択し❶、メニューバーの＜編集＞をクリックして❷、＜カラーを編集＞→＜オブジェクトを再配色＞をクリックします❸。

2 編集タブをクリックする

＜オブジェクトを再配色＞ダイアログボックスが表示されます。＜編集＞タブをクリックすると❶、選択したオブジェクトに使用されている色の相関関係を確認できます。＜オブジェクトを再配色＞をクリックしてチェックを入れ❷、プレビューします。

3 ハーモニールールを選択する

＜ハーモニールール＞の▼をクリックし❶、設定したいハーモニールール（ここではペンタード）をクリックします❷。元の配色に戻してやり直すに場合は、＜選択したオブジェクトからカラーを取得＞をクリックします。

Hint ハーモニールール

ハーモニールールとは、色彩学に基づいた配色ルールで、配色に悩んだときに便利な機能です。色彩学の専門用語が出てきますが、プレビューしながら、好みの配色を選んでみましょう。

4 カラーグループに保存する

ハーモニールールに応じて、カラーホイールのカラーも変わります。＜新規カラーグループ＞をクリックすると❶、使用されているカラーを保存できます。＜OK＞をクリックし❷、ダイアログボックスを閉じます。

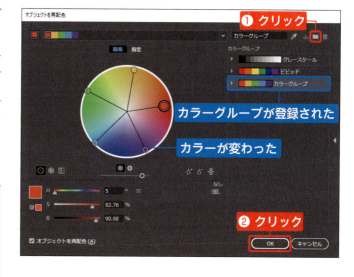

Hint カラーグループとは

カラースウォッチのグループです。名前をダブルクリックすると、名前を変更できます。また、＜カラーグループ＞一覧のカラーグループをクリックすると、すばやくその配色を適用できます。

5 再配色できた

アートワークを再配色できました。＜スウォッチ＞パネルには、保存したカラーグループが登録されます。

Section 44

カラーガイドを活用して新しいカラーグループを作成する

キーワード
▶ カラーガイドパネル
▶ ハーモニールール
▶ バリエーション効果

＜カラーガイド＞パネルを使うと、ハーモニールール（P.132）に従って、相性のよい配色の組み合わせ（カラーグループ）を手軽につくれます。さらに、バリエーション効果を変更すれば、バリエーションの幅を広げることができます。

カラーガイドパネルを使ってカラーグループを作成する

1 パネルを表示する

メニューバーの＜ウィンドウ＞をクリックし❶、＜カラーガイド＞をクリックして❷、＜カラーガイド＞パネルを表示します。

パネルが表示された

2 ベースカラーを選択する

ベースに使いたい色を適用したオブジェクトを選択し❶、ベースカラーに設定します。

Hint ベースカラーとは

配色に使用するカラーグループの基本となる色です。設定するとベースカラーと相性のよい配色を検討することができます。

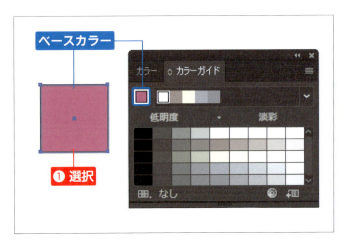

3 ハーモニールールを選択する

■をクリックして❶、使用したいハーモニールール（ここではハイコントラスト1）をクリックすると❷、相性のよい配色が表示されます。

4 バリエーション効果を変更する

■をクリックし❶、パネルメニューから、バリエーション効果（ここでは＜ビビッド・ソフトを表示＞）をクリックすると❷、選択した効果に合わせて細かい配色が表示されます。

Hint バリエーション効果とは

バリエーション効果とは、バリエーションの種類のことです。＜淡彩・低明度を表示（初期設定）＞＜暖色・寒色を表示＞＜ビビッド・ソフトを表示＞の3つがあります。

5 配色を検討する

配色したいオブジェクトを選択して色をクリックすると❶、オブジェクトに適用できます。また、＜カラーグループをスウォッチパネルに保存＞をクリックすると❷、カラーグループを＜スウォッチ＞パネルに保存できます。

Hint 特定のカラーだけを保存する

バリエーションで特定のカラーを選択してをクリックすると、そのカラーだけ保存されます。Ctrl（Command）を押しながらクリックすると、選択を解除できます。

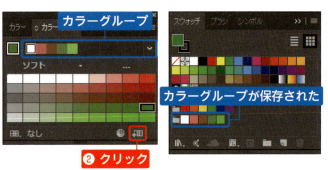

Section 45 オブジェクトに透明度を設定する

キーワード
- 透明パネル
- 不透明度
- グループの抜き

＜透明＞パネルを使うと、オブジェクトに透明感を出すことができます。さらに＜グループの抜き＞の機能を使うと、グループオブジェクト間の重なり合う部分だけ透けないようにすることができます。

透明パネルを使ってオブジェクトに透明感を出す

1 透明パネルを表示する

メニューバーの＜ウィンドウ＞をクリックし❶、＜透明＞をクリックします❷。

2 パネルが表示された

＜透明＞パネルが表示されました。■をクリックして❶、パネルメニューを表示し、＜オプションを表示＞をクリックして❷、すべての設定を表示します。

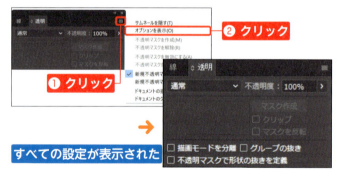

3 不透明度を調整する

重なり合うオブジェクトをすべて選択します❶。＜不透明度＞の▶をクリックして❷、スライダー■を表示し、左右にドラッグして動かします❸。

Hint 不透明度を数値指定する

不透明度の値は、数値ボックスに値を入力して指定することもできます。

4 オブジェクトに透明感が出た

オブジェクトに透明感が出て、重なり合う箇所が透けました。

グループオブジェクトの重なり合う部分を透けないようにする

1 オブジェクトをグループ化する

重なり合うオブジェクトをすべて選択します❶。メニューバーの＜オブジェクト＞をクリックし❷、＜グループ＞をクリックします❸。

2 不透明度を調整する

オブジェクトがグループ化されました。選択したまま、＜グループの抜き＞をクリックします❶。

3 重なり合う部分が透けなくなった

グループオブジェクトの重なり合う部分が透けなくなりました。ただし、オブジェクトの不透明度は保持しているため、背面にオブジェクトを配置すると、透けることがわかります。

Section

46 ライブペイントで オブジェクトを塗り分ける

キーワード
- 画像トレース
- ライブペイントツール
- ライブペイント選択ツール

アートボードに配置した画像をトレース画像に変換し、＜ライブペイント＞ツールを使うと、直感的に色を塗り分けられます。＜ライブペイント選択＞ツールで選択した領域に、カラーを指定することもできます。

配置した画像をトレース画像からパスに変換する

1 トレース画像に変換する

配置した画像（P.180）を選択し❶、メニューバーの＜オブジェクト＞をクリックして❷、＜画像トレース＞→＜作成＞をクリックします❸。

Hint 変換に使用する画像

トレース画像に変換するときは、手描きイラストをスキャナーで画像化したものを使います。白い紙に黒いペンでしっかりと描いて準備すると、後のデジタル処理が楽になります。

2 トレース画像に変換された

配置画像がトレース画像に変換されました。＜レイヤー＞パネルの配置画像は＜トレース画像＞と表示されます。

Hint トレース画像を解除するには

トレース画像を元の画像に戻すには、メニューバーの＜オブジェクト＞をクリックして、＜画像トレース＞→＜解除＞をクリックします。

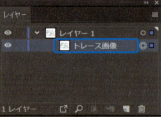

トレース画像に変換された

Chapter 5 オブジェクトの配色と線の設定を使いこなそう

3 画像トレースパネルを表示する

メニューバーの<ウィンドウ>をクリックし❶、<画像トレース>をクリックして❷、<画像トレース>パネルを表示します。

4 白黒のバランスを調整する

<画像トレース>パネルの<しきい値>のスライダー◯を左右にドラッグして動かし❶、トレース画像の白黒のバランスを調整します。イラストのライン(黒の部分)をくっきり強く出したい場合は、しきい値を高くするなど、好みで調整できます。

Hint しきい値

しきい値とは、白と黒をどこで判別するかの値です。1ですべて白、255ですべて黒になります。黒を強く出したい場合は高めに、弱く出したい場合は低めにします。

しきい値：128

しきい値：200

5 パスに変換する

トレース画像を選択し❶、メニューバーの<オブジェクト>をクリックして❷、<画像トレース>→<拡張>をクリックし❸、パスに変換します。

Hint 拡張とは

拡張とは、画像をパスに変換することで、ライブペイントの機能を使用するために必要な機能です。ただし拡張した後は、<画像トレース>パネルで設定を変更することができなくなります。

6 パスに変換された

トレース画像がパスに変換されました。

ライブペイントツールで色を塗る

1 ライブペイントツールを選択する

パスをすべて選択して、ツールパネルから<シェイプ形成>ツールを長押しし❶、<ライブペイント>ツールをクリックします❷。

2 色を選択する

パスの上にマウスポインターを合わせると、イラストの輪郭線が境界となり、領域を認識して、赤く強調表示されます。選択できる色は、<スウォッチ>パネルと連動しており、矢印キーでスウォッチ間を移動できます。←を押すと前へ、→を押すと後ろへ移動します。

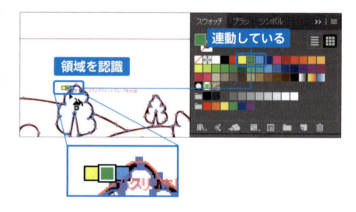

3 領域を塗りつぶす

領域をクリックすると塗りつぶせます❶。マウスポインターを移動して、カラーを変更し、ほかの領域を順次塗りつぶしていきます。

ライブペイント選択ツールで選択した領域に色を塗る

1 ライブペイント選択ツールを選択する

ツールパネルから＜ライブペイント＞ツールを長押しし①、＜ライブペイント選択＞ツールをクリックします②。

2 領域を選択する

オブジェクトをクリックして、ペイントしたい領域を選択します①。

3 色を設定して塗りつぶす

＜スウォッチ＞パネルや＜カラー＞パネルで色を設定し①、塗りつぶします。この方法であれば、スウォッチに登録されていない色を作って、塗りつぶしができます。

4 イラストを仕上げる

ほかの領域を塗りつぶして仕上げます。

パスのアウトラインとオフセット

アウトラインとは、オブジェクトが持つ属性を破棄することです。Illustratorでは、文字の属性を破棄してパスにするテキストのアウトライン(P.214)や、線や角丸の属性を破棄するパスのアウトラインがあります。

線の属性を破棄するメリットは、オブジェクトを変形した際に、線幅のバランスが崩れるのを防ぐことです。逆にデメリットは、線や角丸の設定などができなくなることです。ですので、パスをアウトライン化するのは、線や角丸の設定がすべて済んでからにするとよいでしょう。

パスをアウトライン化するには、オブジェクトを選択し、**メニューバーの＜オブジェクト＞**をクリックし❶、**＜パス＞→＜パスのアウトライン＞**をクリックします❷。

また、パスのオフセットとは、オフセット値（移動値）をもとに、パスの移動コピーをとる機能です。マージンを作成をする際にも活用できます(P.280)。

オブジェクトを選択し、**メニューバーの＜オブジェクト＞**をクリックし❶、**＜パス＞→＜パスのオフセット＞**をクリックして❷表示される＜パスのオフセット＞ダイアログボックスで設定します。＜オフセット＞に正の値を入力すると、選択したオブジェクトの外側に、負の値を入力すると、内側に移動コピーができます。

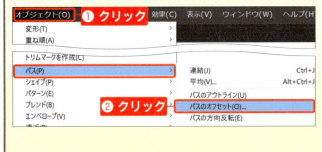

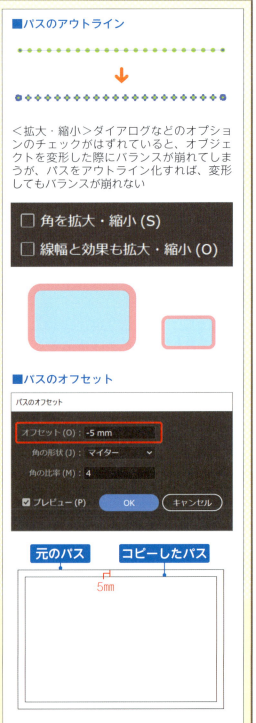

Chapter **6**

オブジェクトの
変形方法を学ぼう

ここでは、描画したオブジェクトを変形
する方法について確認しましょう。オ
ブジェクトを変形すると、より複雑なグ
ラフィックを作成できます。ここまでで
学習するオブジェクトの描画・配色・変
形を組み合わせることが、グラフィック
作成の基本的なステップとなります。

Section 47 アンカーポイントやセグメントを編集する

キーワード
- ダイレクト選択ツール
- アンカーポイント
- セグメント

＜ダイレクト選択＞ツールを使うと、パスのアンカーポイント（P.80）やセグメント（P.80）を編集して、オブジェクトを変形できます。ここでは、アンカーポイントやセグメントを編集して、立方体をつくってみましょう。

ダイレクト選択ツールを使って、アンカーポイントやセグメントを編集する

1 ダイレクト選択ツールを選択する

ツールパネルから＜ダイレクト選択＞ツールをクリックして❶、選択します。

2 上部のセグメントを選択する

正方形の上部を囲むようにドラッグし❶、セグメントを選択します。セグメントが選択されると、セグメントを構成するアンカーポイントは色が付いた状態になり、編集の対象となります。

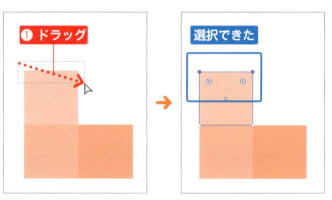

3 セグメントを動かす

セグメントにマウスカーソルを合わせ、「パス」と表示されます。そのままセグメントをドラッグし❶、奥行きをつけます。

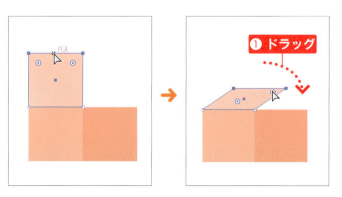

4 右のセグメントを選択する

正方形の右部を囲むようにドラッグし❶、セグメントを選択します。

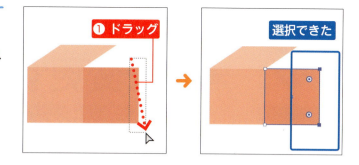

5 セグメントを動かす

セグメントをドラッグし❶、上部の正方形の右側のアンカーポイントとスナップ（吸着）させます（P.281）❷。アンカーポイントにスナップすると、マウスカーソルが ▷ になります。

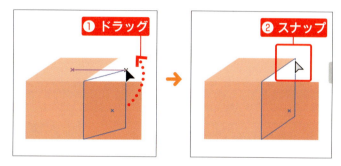

6 立方体ができた

立方体ができました。セグメントをドラッグして❶、高さや幅を調整すると、さまざまな立方体を作成できます。

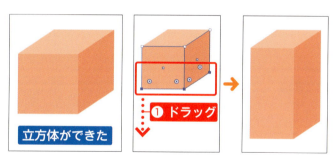

StepUp 立方体の展開図を作成する

移動・コピー（P.67）の機能を使うと、展開図を作成できます。ここでは、幅30mm×高さ30mmの正方形を元にしています。また、それぞれの正方形に、色の陰影をつけることで、立方体にした時により立体的に表現できます。ここでは、＜カラーガイド＞パネル（P.134）を使って、色の陰影をつけました。

Section 48 オブジェクトのサイズや角度を変更する

キーワード
- 変形パネル
- 基準点
- 幅・高さ・角度の変更

＜変形＞パネルを使うと、オブジェクトのサイズや角度を数値で指定して変更できます。また、＜基準点＞を設定すると、どこを基準に変形するかを決めることができます。

変形パネルを使って変形する

1 現在のサイズを確認する

オブジェクトを選択し❶、現在のサイズを確認します。角丸を持つ場合は＜角を拡大・縮小＞、線幅を持つ場合は＜線幅と効果を拡大・縮小＞をクリックしてチェックを入れます❷。

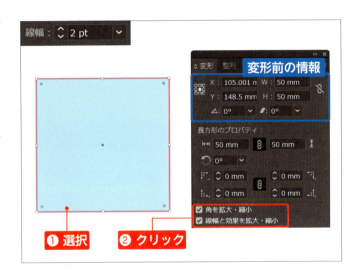

2 基準点を設定する

変形の基準点は、バウンディングボックスの8つのハンドルとオブジェクトの中心に対応しています。■の点のいずれかをクリックすると❶、基準点を変更できます。

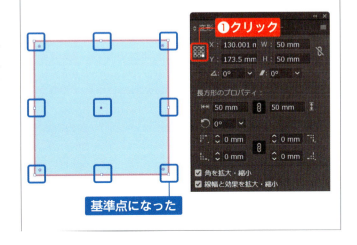

3 オブジェクトの幅・高さを変更する

W（幅）とH（高さ）に数値を入力すると❶、基準点は固定された状態で、オブジェクトのサイズが変わります。

Memo　WとHの意味

W（幅）はWidth、H（高さ）はHeightの頭文字をとったものです。

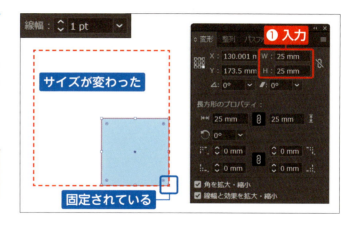

4 オブジェクトの角度を変更する

＜回転＞の ▼ をクリックして❶、一覧から角度を選択するか❷、数値ボックスに数値を入力すると❸、基準点は固定された状態で、オブジェクトの角度が変わります。

Hint　角度をリセットする

＜回転＞で＜0＞と指定すると、角度をリセットできます。

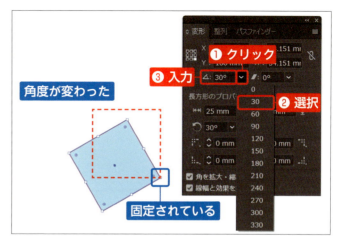

StepUp ＜角を拡大・縮小＞＜線幅と効果を拡大・縮小＞の設定

＜変形＞パネルの＜角を拡大・縮小＞と＜線幅と効果を拡大・縮小＞の設定は、＜拡大・縮小＞ダイアログと、＜環境設定＞ダイアログにもあり、すべて連動しています。また、バウンディングボックスを使って変形する際にも、これらの設定が使用されます。

例えば、幅50mm×高さ30mm、角丸の半径が5mm、線幅5ptの角丸長方形を50%縮小すると、結果、幅25mm×高さ15mm、角丸の半径が2.5mm、線幅2.5ptの角丸長方形になります。通常は、変形に合わせて角の丸みや線の太さも調整されたほうがよいので、チェックを入れておきましょう。

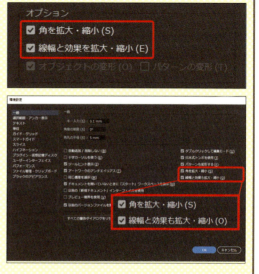

Chapter 6　オブジェクトの変形方法を学ぼう

Section 49 角丸長方形の角を変更する

キーワード
- 変形パネル
- 角の種類
- ライブコーナー

＜変形＞パネルを使うと、角丸長方形の角丸の半径を変更することができます。＜角の種類＞では、さまざまな角を設定することができます。また、ライブコーナー（CCのみ）を使うと、直感的に角丸を変更することができます。

変形パネルを使って角を変更する

1 現在のサイズを確認する

オブジェクトを選択し❶、現在の角丸の半径を確認します。

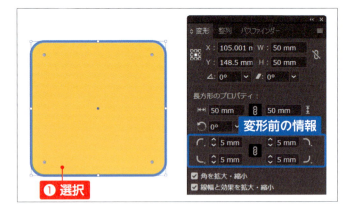

2 角丸の半径を変更する

＜角丸の半径＞の数値ボックスに数値を入力し❶、角丸の半径を変更します。＜角丸の半径値をリンク＞がオンになっている場合、4つの角の設定は連動します。

 ライブコーナーを使う

Illustrator CC以降では、オブジェクトの角のそばに表示される「ライブコーナーウィジェット」という点をドラッグして、角の丸みを直観的に調節できます（P.149参照）。なお、バウンディングボックスを隠していると、ライブコーナーウィジェットも非表示になります。

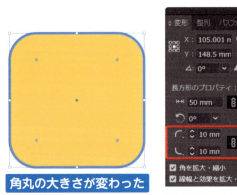
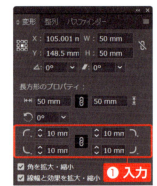

3 角の設定を個別に変更する

＜角丸の半径値をリンク＞ 🔗 をクリックしてオフ にすると❶、4つの角を個別に設定できます。3つの角を＜0＞すると❷、角丸ではなくなり、1つの角だけ角丸にすることもできます。

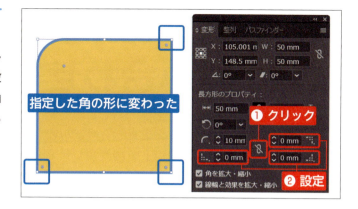

4 角の種類を設定する

＜角の種類＞ をクリックし❶、角の種類を選択すると（ここでは＜面取り＞）❷、角の形状が変わります。

Hint 角の種類

角の種類には、＜角丸（外側）＞＜角丸（内側）＞＜面取り＞の3種類があります。

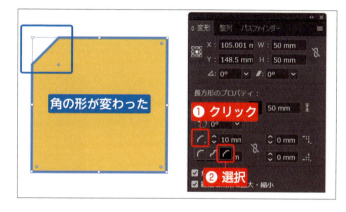

ライブコーナーウィジェットを使って角を変更する（CCのみ）

1 ドラッグして調整する

＜ダイレクト選択＞ツールでライブコーナーウィジェットをクリックして選択し❶、マウスポインタの形が に変わったら、外側にドラッグすると、角丸の半径が小さく、内側にドラッグすると、大きくなります❷。

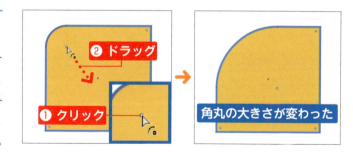

2 コーナーダイアログを使って調整する

ライブコーナーウィジェットをダブルクリックすると❶、＜コーナー＞ダイアログボックスが表示されます。角の設定をして❷、＜OK＞をクリックすると❸、角の形が変わります。

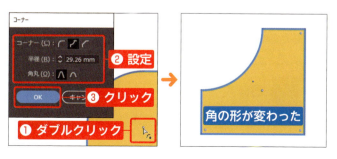

Section 50 複数のオブジェクトを組み合わせて別の形にする

キーワード
- パスファインダーパネル
- 形状モード
- 拡張

＜パスファインダー＞パネルの＜形状モード＞を使うと、パズル感覚で、複数のオブジェクトを組み合わせて別の形にできます。結果がどうなるかのヒントは、「どんなオブジェクトを用意するか」「オブジェクトを足すか引くか」です。

オブジェクトを合体する

1 パネルを表示する

メニューバーの＜ウィンドウ＞をクリックし❶、＜パスファインダー＞をクリックします❷。

2 合体を適用する

＜パスファインダー＞パネルが表示されます。複数のオブジェクト（ここでは、楕円形と三角形）を選択し❶、＜形状モード＞の＜合体＞をクリックします❷。

3 オブジェクトが合体した

選択した複数のオブジェクトが合体し、1つのオブジェクトになりました。

 合体

複数のオブジェクトを合体して1つにします。

楕円形と三角形が合体して吹き出しになった

オブジェクトで型抜きする

1 前面のオブジェクトで型抜きする

複数のオブジェクト（ここでは、2つの正円）を選択し❶、＜形状モード＞の＜前面オブジェクトで型抜き＞を[Alt]（[option]）キーを押しながらクリックします❷。
＜形状モード＞のボタンを[Alt]（[option]）キーを押しながらクリックすると、複合シェイプになります。複合シェイプとは、形状モードによる変形を仮で確定した状態です。

2 オブジェクトが型抜きされた

前面のオブジェクトと重なっている部分が型抜きされましたが、複合シェイプ（P.152）という仮確定の状態で、元の形状が残っていることがわかります。

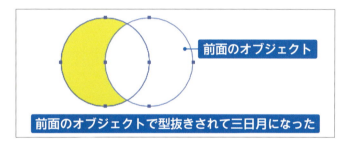

3 個々を移動して調整する

選択を解除後、個々を＜グループ選択＞ツールで選択し❶、移動して調整します❷。矢印キーを使うと位置を微調整できます。

4 オブジェクトの形状を確定する

選択を解除後、2つのオブジェクトを＜選択＞ツールで選択し❶、＜拡張＞をクリックして❷、形状を確定します。

5 オブジェクトの形状が確定した

形状が確定し、1つのオブジェクトになりました。

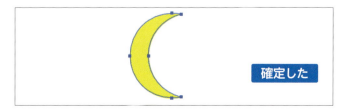

オブジェクトが重なる箇所を残す

1 交差を適用する

複数のオブジェクト（ここでは、2つの正円）を選択し❶、＜形状モード＞の＜交差＞を[Alt]（[option]）キーを押しながらクリックします❷。

Hint 交差

複数のオブジェクトの重なる箇所を残します。

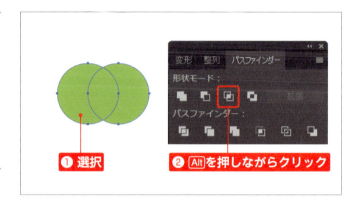

2 重なる箇所が残った

重なる箇所が残りましたが、複合シェイプという仮確定の状態で、元の形状が残っていることがわかります。個々を移動して、形を調整します。

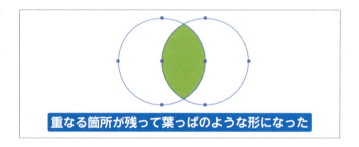

3 オブジェクトの形状が確定した

選択を解除後、2つのオブジェクトを＜選択＞ツールで選択し、＜拡張＞をクリックして、形状を確定します。

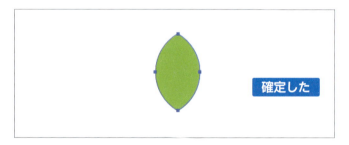

StepUp 複合シェイプを作成・解除する

＜形状モード＞のボタンを[Alt]（[option]）キーを押しながらクリックすると、複合シェイプになります。複合シェイプとは、形状モードによる変形を仮で確定した状態です。
複合シェイプを解除するには、＜パスファインダー＞パネルの右上の■をクリックし❶、パネルメニューから＜複合シェイプを解除＞をクリックします❷。すると、複合シェイプが解除され、オブジェクトは元に戻ります。

オブジェクトが重なる箇所をくり抜く

1 中マドを適用する

複数のオブジェクト（ここでは、色違いの2つの正円）を選択し❶、＜形状モード＞の＜中マド＞を[Alt]（[option]）キーを押しながらクリックします❷。

> **Hint 中マド**
>
> 複数のオブジェクトの重なる箇所をくり抜きます。

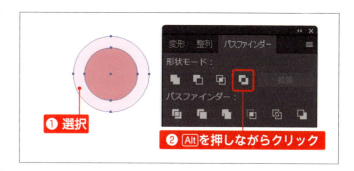

2 オブジェクトがくり抜かれた

複合シェイプ（仮確定の状態）になり、重なる箇所がくり抜かれました。複数のカラーが混在する場合、前面のオブジェクトのカラーに統合されます。

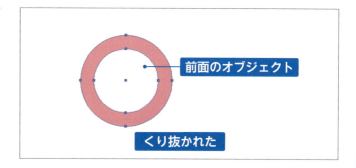

3 オブジェクトの形状を確定する

＜選択＞ツールで選択し❶、＜拡張＞をクリックして❷、形状を確定します。

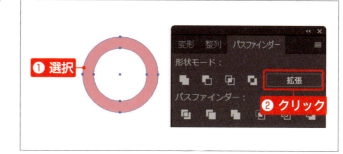

4 オブジェクトの形状が確定した

形状が確定し、1つのオブジェクトになりました。背面に別の色のオブジェクトを置くと、中央がくり抜かれていることがわかります。

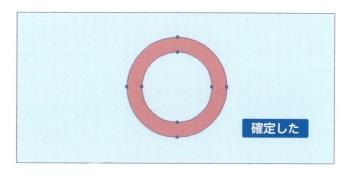

Section 51

オブジェクトを拡大・縮小して幾何学図形をつくる

キーワード
- 拡大・縮小ツール
- 縦横比を固定
- 変形コピー

＜拡大・縮小＞ツールを使うと、数値を指定してオブジェクトを拡大・縮小できます。また、ダイアログで数値指定する以外に、ドラッグして拡大・縮小することもできます。

拡大・縮小ツールを使って拡大・縮小する

1 拡大・縮小ツールを選択する

オブジェクトを選択後❶、ツールパネルから＜拡大・縮小＞ツールをクリックして選択すると❷、オブジェクトの中心に基準点を表す が表示されます。

2 拡大・縮小ダイアログを表示する

＜拡大・縮小＞ツールの上をダブルクリックします❶。

3 拡大・縮小の設定をする

＜拡大・縮小＞ダイアログが表示されるので、＜縦横比を固定＞に変形率を入力します❶。角丸や線幅を持つオブジェクトの場合は、オプションの2項目にチェックを入れます(P.127)❷。＜プレビュー＞をクリックしてチェックを入れると❸、オブジェクトの中心を基準に変形することがわかります。

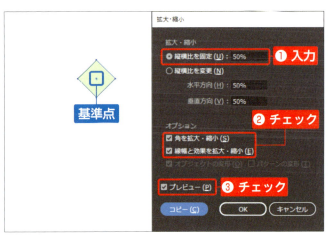

4 オブジェクトの変形を確定する

ここでは変形コピーをつくるので、＜コピー＞をクリックします❶。変形コピーができたら、コピーしたオブジェクトの色を変えたりして整えます❷。

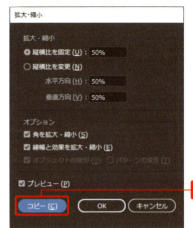

Hint 変形の種類

＜OK＞をクリックすると、元のオブジェクトを変形し、＜コピー＞をクリックすると、変形の結果を別のオブジェクトとしてコピーします。

Hint ドラッグして拡大・縮小する

ダイアログで数値指定する以外に、ドラッグして拡大・縮小することもできます。また、クリックした箇所を基準点にして、[Alt]（[option]）キーを組み合わせてドラッグすると、コピーを作ることもできます。

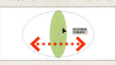

StepUp オブジェクトの基準点を変更して拡大・縮小する

＜拡大・縮小＞ツール、＜回転＞ツール、＜リフレクト＞ツール、＜シアー＞ツールを使うと、初期でオブジェクトの中心を基準点にして変形します。基準点は、クリックした箇所に変更することができるので、基準点を変えるだけで、同じ操作でも異なるグラフィックをつくることができます。
さらに、基準点を変更する時に、[Alt]（[option]）キーを押しながらクリックすると❶、基準点を変更すると同時に、ダイアログを出すこともできます。

Section 52

オブジェクトを回転して花をつくる

キーワード
▶ 回転ツール
▶ 基準点の変更
▶ 変形の繰り返し

＜回転＞ツールを使うと、数値を指定してオブジェクトを回転できます。同じ間隔で回転を繰り返せば、花などをすばやくつくることができます。また、ダイアログで数値指定する以外に、ドラッグして回転させることもできます。

回転ツールを使って回転する

1 回転ツールを選択する

オブジェクトを選択後❶、ツールパネルから＜回転＞ツールをクリックして選択すると❷、オブジェクトの中心に基準点を表す が表示されます。

2 基準点を変更する

基準点にしたい箇所を Alt（option）キーを押しながらクリックすると❶、基準点を変更すると同時に、＜回転＞ダイアログが表示されます。

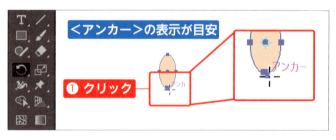

3 回転の設定をする

＜回転＞ダイアログの＜角度＞に回転角度（ここでは45）を入力します❶。＜プレビュー＞をクリックしてチェックを入れると❷、クリックした箇所を中心に回転することがわかります。

Hint 回転角度

＜角度＞の数値は、正の値で反時計回りに、負の値で時計回りに回転します。

Chapter 6 オブジェクトの変形方法を学ぼう

4 オブジェクトの回転を確定する

<コピー>をクリックすると❶、回転コピーができます。

 ドラッグして回転する

ダイアログで数値指定する以外に、ドラッグして回転することもできます。

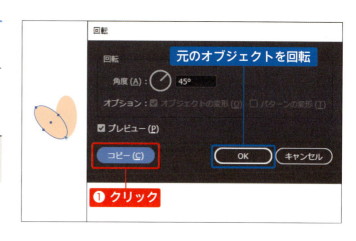

5 回転コピーを繰り返す

メニューの<オブジェクト>をクリックし❶、<変形>→<変形の繰り返し>をクリックします❷。

6 回転コピーが繰り返された

回転コピーが繰り返されました。回転コピーが一周するまで、<変形の繰り返し>を行い、花の形にします。

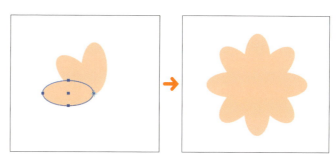

StepUp 変形の繰り返し

<変形の繰り返し>は、事前に行った操作を繰り返す機能です。繰り返すことで、作業を効率化するだけでなく、事前に何を行うかによって、さまざまなグラフィックを作成できます。上記の回転コピー以外に、右図の移動コピーや、拡大・縮小コピーなどを繰り返すこともできます。

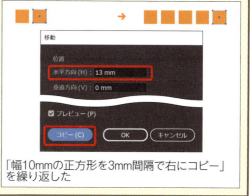

「幅10mmの正方形を3mm間隔で右にコピー」を繰り返した

Chapter 6 オブジェクトの変形方法を学ぼう

Section 53 オブジェクトを反転して映り込みをつくる

キーワード
- リフレクトツール
- 基準点の変更
- 反転コピー

＜リフレクト＞ツールを使うと、数値を指定してオブジェクトを反転できます。反転コピーを使えば、水面の映り込みや影のような表現ができます。また、ダイアログで数値を指定する以外に、ドラッグして反転することもできます。

リフレクトツールを使って反転する

1 リフレクトツールを選択する

オブジェクトを選択後❶、ツールパネルから＜回転＞ツールを長押しし❷、＜リフレクト＞ツールをクリックします❸。

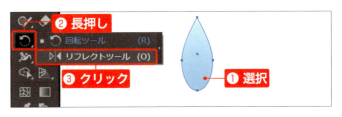

2 基準点を変更する

基準点にしたい箇所を[Alt]([option])キーを押しながらクリックすると❶、基準点を変更すると同時に、＜リフレクト＞ダイアログが表示されます。

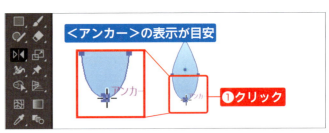

3 反転の設定をする

＜リフレクトの軸＞の＜水平＞をクリックしてチェックを入れ❶。＜プレビュー＞をクリックしてチェックを入れると❷、クリックした箇所を基準に反転することがわかります。

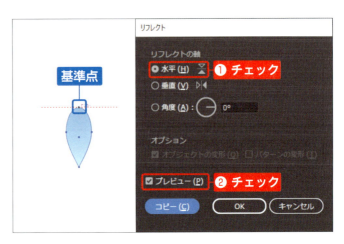

Hint リフレクトの軸

水面の映り込みや影は＜水平＞、花の茎を軸にした葉は＜垂直＞で作成できます。

4 オブジェクトの反転を確定する

<コピー>をクリックすると❶、反転コピーができます。

Hint ドラッグして反転する

ダイアログで数値指定する以外に、ドラッグして反転することもできます。また、クリックした箇所を基準点にして、[Alt]([option])キーを組み合わせてドラッグすると、コピーを作ることもできます。

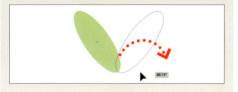

5 透明感を出す

<透明>パネル(P.136)を表示します。反転コピーは選択したままで❶、不透明度を調整(ここでは30)します❷。

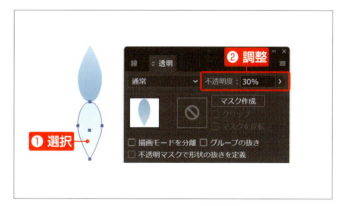

6 映り込みができた

コピーしたオブジェクトを映り込みの形にできました。

Section 54 オブジェクトを自由に変形する

キーワード
- 自由変形ツール
- 平行四辺形の作成
- 台形の作成

＜自由変形＞ツールを使うと、ドラッグで平行四辺形や台形をつくることができます。組み合わせるキーの違いによって、結果が異なるので注意しましょう。また、＜自由変形＞ウィジェットを使えば、より簡単に変形できます（CCのみ）。

自由変形ツールを使って平行四辺形をつくる

1 自由変形ツールを選択する

オブジェクトを選択後❶、ツールパネルから＜パペットワープ＞ツールを長押しし❷、＜自由変形＞ツールをクリックすると❸、オブジェクトの中心に基準点を表す が表示されます。また、自由変形ウィジェットが表示されます（CCのみ）。

2 ハンドルをドラッグする

コーナーハンドルを長押しし、Ctrl (Command) + Alt (option) キーを押しながらドラッグします❶。

> **Hint コーナーを個別に変形する**
> Alt (option) キーを使わない場合、コーナーを個別に変形できます。

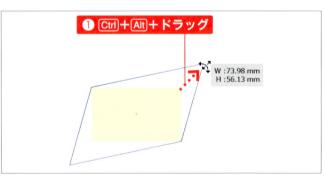

3 オブジェクトが変形した

長方形が平行四辺形になりました。

> **Hint シアーツールを使う**
> ＜シアー＞ツールで Shift キーを押しながらコーナーをドラッグしても、平行四辺形を作成できます。

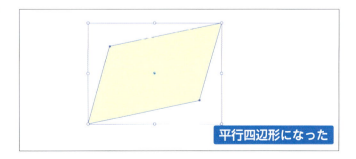

自由変形ツールを使って台形をつくる

1 自由変形ツールを選択する

オブジェクトを選択後❶、ツールパネルから＜パペットワープ＞ツールを長押しし❷＜自由変形＞ツールをクリックすると❸、オブジェクトの中心に基準点を表す ✳ が表示されます。また、自由変形ウィジェットが表示されます（CCのみ）。

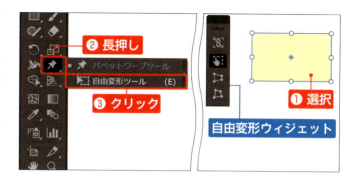

2 ハンドルをドラッグする

コーナーハンドルを長押しし、Ctrl（Command）＋Alt（option）＋Shiftキーを押しながらドラッグします❶。

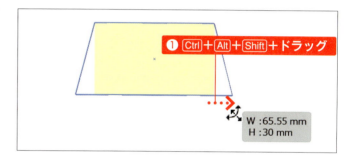

3 オブジェクトが変形した

長方形が台形になりました。

Hint 異なる台形をつくる

どのコーナーをどの向きにドラッグするかによって、台形の形は異なります。

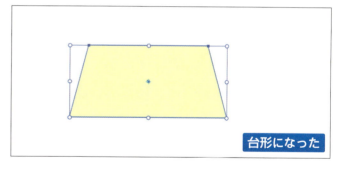

StepUp 自由変形ウィジェットを使う（CCのみ）

自由変形ウィジェットを使えば、より簡単に変形できます。オブジェクトを選択して＜自由変形＞ツールを選択します。自由変形ウィジェットが表示されるので、目的のボタンをクリックして選択し、ドラッグします。
❷自由変形（初期で選択されている）
バウンディングボックス（P.70）の操作感に似ています。
❸遠近変形
オブジェクトを台形にします。
❹パスを自由変形
オブジェクトのコーナーを個別に変形します。

Chapter 6 オブジェクトの変形方法を学ぼう

オブジェクトを個別に変形する

複数のオブジェクトを一度に変形したい場合、ここまでで紹介した＜拡大・縮小＞ツール、＜回転＞ツール、＜リフレクト＞ツール、＜シアー＞ツールなどの変形系ツールを使うと、選択した複数のオブジェクトを1つのまとまりとし、設定した基準点をもとに変形します。そのため、個々のオブジェクトの元の位置からずれてしまいます。

＜個別に変形＞の機能を使うと、変形の基準点を、個々のオブジェクトごとに設定できます。オブジェクトを個別に変形するには、オブジェクトを選択して、**メニューバーの＜オブジェクト＞をクリックし**❶、**＜変形＞→＜個別に変形＞**をクリックします❷。

表示される＜個別に変形＞ダイアログボックスでは、拡大・縮小率のほか、移動距離、回転角度、リフレクトの軸、個々のオブジェクトに設定する基準点などの設定ができます。**＜ランダム＞をクリックしてチェックを入れると**❸、設定内容をランダムに適用できます。チェックのON・OFFを繰り返してプレビューすると、さまざまなランダム結果を検討できます。

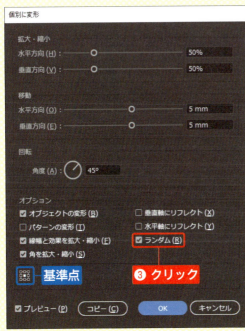

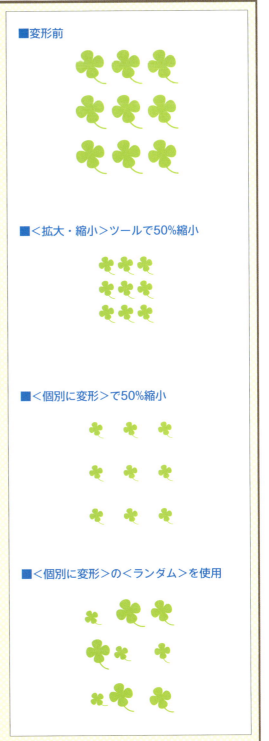

Chapter 7

ペンツールを使って
オブジェクトを描画しよう

ここでは、＜ペン＞ツールを使ったオブジェクトの描画について確認しましょう。＜ペン＞ツールを使うと、より自由度の高いイラストを描くことができ、Illustratorの醍醐味とも言えます。パスの構造を理解し、描画練習を重ねることが、上達の秘訣です。

Section 55 ペンツールによる描画

キーワード
- ペンツール
- ポインターの形
- 4つの描画方法

<ペン>ツールを使うと、より自由度の高いパス（P.80）を描画できます。<ペン>ツール上達のコツは、ツールの特性と4つの描画方法を整理して、たくさん描画の練習することです。

直線と曲線の描き方

<ペン>ツールを使うと、直線と曲線を描けます。**直線はクリックのみで描きます。曲線はドラッグして方向線を出して描きます。**この点をまず理解しておきましょう。

方向線は、**曲線の形状を決める要素**で、ドラッグすると、アンカーポイントから出てきます。長さや角度によって、さまざまな曲線が描ける、曲線特有の要素です。

直線はアンカーポイントとセグメントのみ

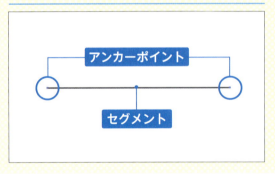

曲線にはさらに方向線が加わる

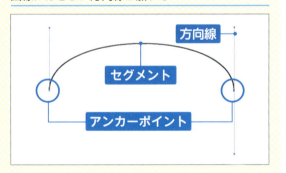

ペンツールのポインターの形に注目して描く

 描画開始 (P.166)　 描画終了 (P.169)　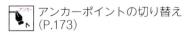 アンカーポイントの切り替え (P.173)

アンカーポイントを追加 (P.176)　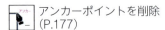 アンカーポイントを削除 (P.177)　 端点 (P.184)　 連結 (P.184)

4つの描画方法

＜ペン＞ツールには、4つの描画方法があり、ポイントは以下の通りです。複雑なパスは、これらの描画が組み合わさって構成されています。

❶直線のみ (P.166)
クリックのみで描きます。
❷曲線のみ (P.170)
ドラッグして方向線を出して描きます。

❸直線と曲線の連続 (P.172)
アンカーポイントの切り替えが必要です。
方向線が必要であれば、ドラッグして出します。
方向線が不要であれば、クリックして消します。
❹曲線と曲線の連続 (P.174)
アンカーポイントの切り替えが必要です。
方向線の向きを変えます。

❶直線のみ

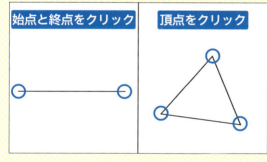

❷曲線のみ

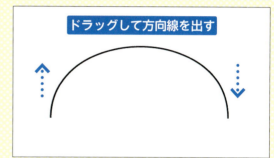

❸直線と曲線の連続

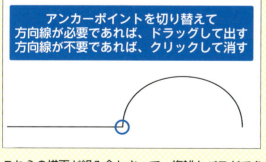

❹曲線と曲線の連続

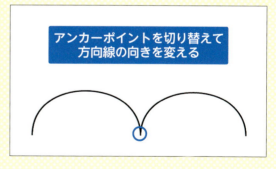

これらの描画が組み合わさって、複雑なパスができます

Chapter 7　ペンツールを使ってオブジェクトを描画しよう

Section

56 直線（オープンパス）を描く

キーワード
- オープンパス
- ペンツール
- ラバーバンド

オープンパスとクローズパスでは、描画の終了方法が異なります。ここでは、簡単な直線のオープンパスの描き方を確認しましょう（P.165の描き方❶）。直線は、クリックだけで描くことができます。

ペンツールで直線のオープンパスを描く

1 ペンツールを選択する

ツールパネルから＜ペン＞ツールをクリックします❶。

2 始点をつくる

マウスポインターに注目すると、描画開始を表す が表示されています。始点をクリックすると❶、アンカーポイントができます。

Hint 直線の描画ではドラッグしない

直線はクリックのみで描けます。ドラッグすると、曲線になってしまうので、ここではクリックのみで描くことを意識しましょう。

StepUp ラバーバンドを無効にする（CCのみ）

従来、続きのアンカーポイントを置かない限り、描画するパスを予測することは困難でしたが、CCでは、前のアンカーポイントから現在位置まで描画されるパス（ラバーバンド）をプレビューできます。この機能を無効にするには、メニューバーから＜編集＞（Macは＜Illustrator CC＞）→＜環境設定＞→＜選択範囲・アンカー表示＞をクリックし、＜ラバーバンドを有効にする対象＞のチェックをはずします。

3 続きの点をつくる

[Shift]キーを押しながら、右方向の一点をクリックします❶。すると、始点と2つ目の点がつながり、まっすぐな直線ができます。

Hint まっすぐな線を描く

[Shift]キーを押すと、動作を水平・垂直・斜め45°に制御でき、直線がまっすぐ描けます。

4 描画を終了する

何もない箇所で、[Ctrl]([Command])キーを押し、マウスポインターの形が▷になったら、クリックして❶、描画を終了します。キーから指を離すと、マウスポインターの形が描画開始を表す♦.に戻ります。

Hint 一時的に選択ツールにする

描画中に[Ctrl]([Command])キーを押すと、一時的に<選択>ツールになり、白い矢印のアイコン▷になります。

5 直線のオープンパスが描けた

直線のオープンパスが描けました。オープンパスには塗りはないので、<なし>にします❶。

StepUp いろいろな直線を描いてみよう

ここでは、右方向に水平な直線を描きました。ほかにもさまざまな方向の直線や、水平でないギザギザの線なども描けるので、練習してみましょう。

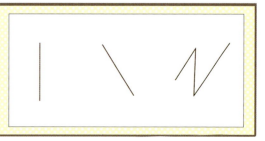

Section 57 直線で単純な図形を描く（クローズパス）

キーワード
- クローズパス
- ペンツール
- ラバーバンド

ここでは、簡単な直線のクローズパスとして、三角形の描き方を確認しましょう（P.165の描き方❶）。基本はクリックで点をつくり、最後に始点をクリックするだけです。

ペンツールで直線のクローズパスを描く

1 ペンツールを選択する

ツールパネルから＜ペン＞ツールをクリックします❶。

2 始点をつくる

マウスポインターの形が、描画開始を表す形になります。始点をクリックすると❶、アンカーポイントができます。

3 続きの点をつくる

オープンパス（P.166）と同様に、クリックして続きの点を作って始点とつなげ❶、続きの直線を描きます❷。ここでは、時計回りに三角形を描いてみましょう。

Hint 失敗しても戻れば大丈夫！

失敗してもあわてずに、Ctrl（Command）+Zキーを押せば、押した回数分だけ段階を戻ることができます。

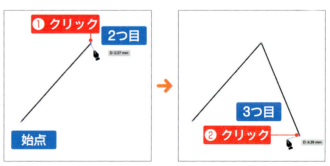

4 描画を終了する

始点にマウスポインターを合わせ、終了を表す形になったことを確認し、クリックして終了します❶。ポインターに注目すると、再び描画開始を表すが表示されるので、先に描いたパスは終了できたことがわかります。

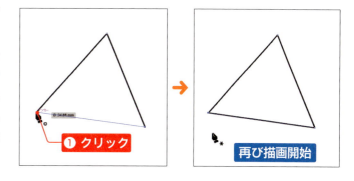

5 直線のクローズパスが描けた

直線のクローズパスが描けました。クローズパスは、塗りと線の両方を設定できます❶。

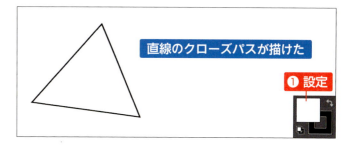

StepUp いろいろな直線のクローズパスを描いてみよう

ここでは、三角形を描きました。さまざまなクローズパスの描画の練習もしてみましょう。＜ペン＞ツールでも長方形は描けますが、通常は、＜長方形＞ツールで描いたほうが早いです。長方形などの決まった形を描くのであれば、専用のツールを使うとよいでしょう。

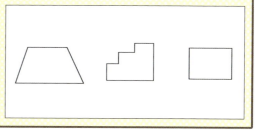

StepUp スマートガイドの活用

スマートガイドは、画面に表示されるヒント機能です。位置関係などをハイライト表示して、描画のサポートをします。初期設定で有効になっていますが、スマートガイドが表示されない場合は、メニューバーの＜表示＞をクリックし❶、＜スマートガイド＞をクリックしてチェックを入れましょう❷。

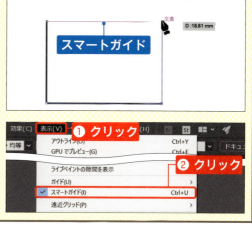

Chapter 7 ペンツールを使ってオブジェクトを描画しよう

Section 58 曲線を描く

キーワード
- 方向線
- 方向点
- ドラッグする

ここでは、簡単な曲線のオープンパスの描き方を確認しましょう（P.165の描き方❷）。曲線は、ドラッグして方向線を出して描くのがポイントです。方向線は、曲線の形状を決める要素なので、直線にはありません。

ペンツールで曲線を描く

1 ペンツールを選択する

ツールパネルから＜ペン＞ツールをクリックします❶。

2 始点から方向線を出す

ここでは、水平のガイドを出して描画します。ガイドは、描画の補助となる線で、実際に印刷はされません。メニューバーの＜表示＞から＜定規＞→＜定規を表示＞をクリックして定規を表示し、上の定規を下方向にドラッグして❶、水平のガイドを表示します。ドキュメントの上にマウスポインターを移動すると、描画開始を表す になります。始点をドラッグすると❷、アンカーポイントが作成され、そこから方向線が出ます。

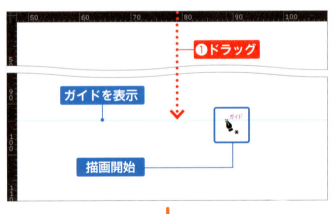

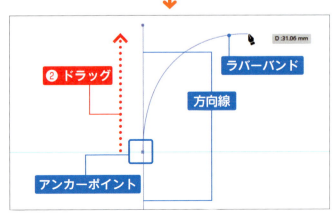

Hint 方向線とは

方向線は、曲線の形状を決める要素で、＜ペン＞ツールをドラッグすると表示されます。なお、Shiftキーを押しながらドラッグすると、方向線がまっすぐ伸びます。

3 続きの点から方向線を出す

続きの点をつくるには、アンカーポイントをつくりたい位置（曲線の終点にしたい位置）から、始点の方向線と逆向きにドラッグします❶。すると、始点と2つ目の点がつながり、曲線ができます。

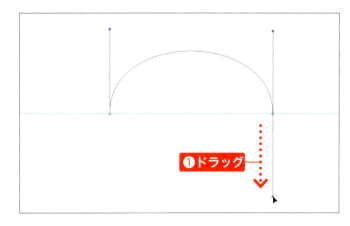

Hint バランスのよい曲線を描くには

バランスのよい曲線を描くには、対になるアンカーポイントの位置や、方向線の長さや角度を揃えるのがポイントです。

4 描画を終了する

何もない箇所を Ctrl （ Command ）キーを押しながらクリックし❶、描画を終了します。

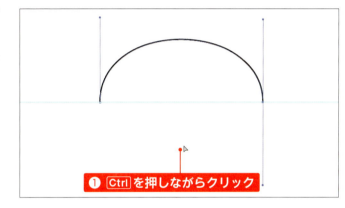

5 曲線のオープンパスが描けた

曲線のオープンパスが描けました。オープンパスには塗りはないので、＜なし＞にします❶。

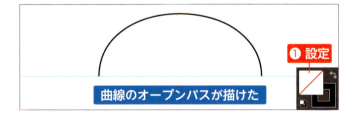

StepUp いろいろな曲線を描いてみよう

ここでは、上にドラッグ＋下にドラッグの組み合わせで、上にふくらんだ曲線を描きました。このように、対になるアンカーポイントから出す方向線の向きを逆にすることで、いろいろな曲線が描けます。練習してみましょう。
❶下にドラッグ＋上にドラッグ＝下ふくらみ
❷右にドラッグ＋左にドラッグ＝右ふくらみ
❸左にドラッグ＋右にドラッグ＝左ふくらみ
❹上にドラッグ＋下にドラッグ…を繰り返す＝波線

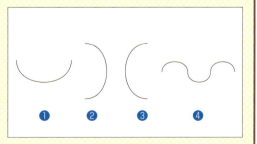

Section 59 直線と曲線の連続した線を描く

キーワード
- ペンツール
- アンカーポイントの切り替え
- 方向線を出す・消す

ここでは、直線と曲線を連続で描く方法について解説します（P.165の描き方❸）。直線と曲線をつなぎ合わせるアンカーポイントの切り替えがコツです。方向線が必要ならドラッグして出す、不要ならクリックして消します。

ペンツールで直線と曲線の連続を描く

1 ペンツールを選択する

ツールパネルから＜ペン＞ツールをクリックします❶。

2 直線を描く

P.166を参考に直線を描きます。ここまでは直線なので方向線はありませんが、続きの曲線を描くには、方向線が必要になります。

StepUp アンカーポイントの切り替えで、方向線を出すか消すか判断する

手順2でも述べたように、直線は方向線が不要ですが、曲線は方向線が必要です。この直線と曲線のアンカーポイントの切り替え時に、方向線を出すか消すかを判断します。直線→曲線の場合、切り替え時にドラッグして方向線を出します❶。逆に、曲線→直線の場合は、切り替え時にクリックして方向線を消します❷。この判断が早くなると、スムーズに描けるようになります。

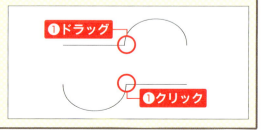

3 アンカーポイントを切り替える

2つ目のアンカーポイントにマウスポインターを合わせると、アンカーポイントの切り替えを表す形になるので、ドラッグして方向線を出します❶。マウスボタンを放すと方向線が表示され、曲線が描ける状態になります。

Hint 曲線→直線の場合

ここでは、直線→曲線の描画なので、切り替え時にドラッグして方向線を出しましたが、逆に曲線→直線の場合、切り替え時にクリックして方向線を消します（P.172）。

4 続きの曲線を描く

続きの点で手順3と反対の方向にドラッグし、曲線を描きます（P.170）❶。何もない箇所を Ctrl （ Command ）キーを押しながらクリックし、描画を終了します❷。

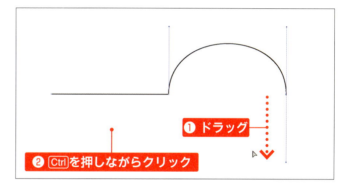

5 直線と曲線の連続が描けた

直線と曲線が連続したオープンパスが描けました。

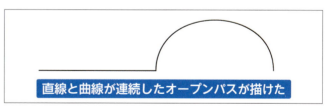

StepUp いろいろな直線と曲線の連続を描いてみよう

ここでは、直線→曲線の連続を描きました。アンカーポイントを切り替えることで、いろんな直線と曲線の連続が描けます。練習してみましょう。
❶下ふくらみの曲線→直線
❷直線→右ふくらみの曲線
❸左ふくらみの曲線→直線

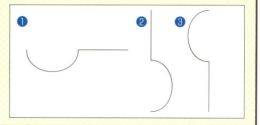

Section 60 曲線と曲線の連続した線を描く

キーワード
- ペンツール
- アンカーポイントの切り替え
- 方向線の向きを変える

ここでは、同じ方向にふくらんだ、連続した曲線を描きましょう（P.165の描き方❹）。波のような曲線と異なり、曲線同士をつなぎ合わせるアンカーポイントの切り替えに、ちょっとしたコツが必要です。

ペンツールで曲線と曲線の連続を描く

1 ペンツールを選択する

ツールパネルから＜ペン＞ツールをクリックします❶。

2 曲線を描く

P.170を参考に曲線を描きます❶。ここで描いた曲線は、上ふくらみ（上ドラッグ＋下ドラッグ）なので、連続して同じ曲線を描くには、続く曲線も上向きに伸びる方向線から始まる必要があります。しかし、現状では、下向きに伸びる方向線で終わっています。

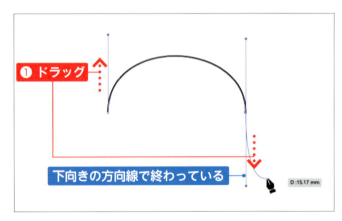

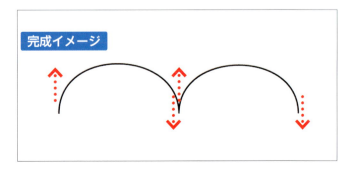

3 アンカーポイントを切り替える

2つ目のアンカーポイントにマウスポインターを合わせると❶、アンカーポイントの切り替えを表す の形になるので、[Alt]([option])キーを押しながらドラッグして❷、方向線の向きを変えます。

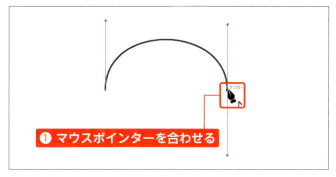

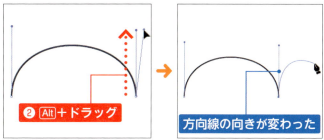

4 続きの曲線を描く

続きの点で手順 3 と同様に、ドラッグして曲線を描きます（P.170）❶。何もない箇所を[Ctrl]([Command])キーを押しながらクリックし❷、描画を終了します。

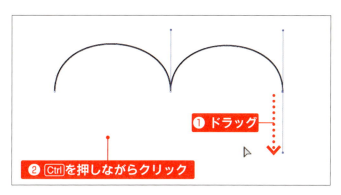

5 曲線の連続が描けた

同じ方向にふくらんだ曲線が連続したオープンパスが描けました。

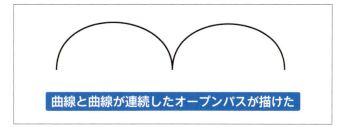

StepUp いろいろな曲線と曲線の連続を描いてみよう

いろいろな曲線と曲線の連続を描いてみましょう。
❶下ふくらみの曲線と曲線の連続
❷右ふくらみの曲線と曲線の連続
❸左ふくらみの曲線と曲線の連続

Section 61 アンカーポイントを追加・削除する

キーワード
- アンカーポイントの追加ツール
- アンカーポイントの削除ツール
- 自動追加・削除

パスを構成するアンカーポイントは、描画した後に追加したり削除したりできます。アンカーポイントを追加したり削除したりすることで、パスの形状を柔軟に変えることができます。

アンカーポイントを追加する

1 ツールを選択する

ツールパネルから＜ペン＞ツールを長押しし❶、＜アンカーポイントの追加＞ツールをクリックします❷。

2 アンカーポイントを追加する

パスのセグメント上をクリックします❶。

Hint パスと表示される

パスのセグメント上にマウスポインターを合わせると、「パス」と表示されます。

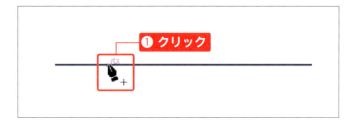

3 アンカーポイントが追加された

アンカーポイントが追加されました。追加されたアンカーポイントを＜ダイレクト選択＞ツールで上下にドラッグすると❶、パスが動きます。

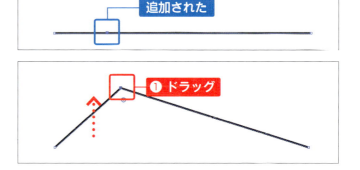

アンカーポイントを削除する

1 ツールを選択する

ツールパネルから＜ペン＞ツールを長押しし❶、＜アンカーポイントの削除＞ツールをクリックします❷。

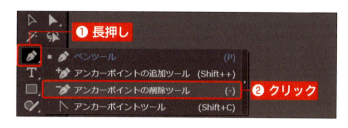

2 アンカーポイントを削除する

削除したいアンカーポイントにマウスポインターを合わせ、クリックします❶。

> **Hint アンカーと表示される**
>
> アンカーポイント上にマウスポインターを合わせると、＜アンカー＞と表示されます。

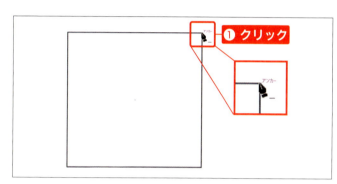

3 アンカーポイントが削除された

アンカーポイントが削除され、四角形が三角形になりました。クローズパス（P.80）の場合、削除したアンカーポイントと隣り合うアンカーポイント同士が連結したクローズパスになります。

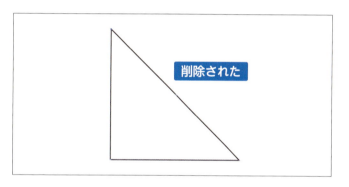

StepUp ペンツールを使ったアンカーポイントの自動追加・削除

メニューバーから＜編集＞（Macは＜Illustrator CC＞）→＜環境設定＞→＜一般＞をクリックして表示される＜環境設定＞ダイアログの＜自動追加/削除しない＞のチェックがはずれている場合、＜ペンツール＞使用時に、アンカーポイントやセグメントの上にマウスポインターを合わせると、自動でアンカーポイントを追加したり、削除したりするモードに切り替わります。この機能を使えば、＜ペン＞ツールで描画している途中でも、ツールを切り替えずに、アンカーポイントを追加したり削除できるので、効率的です。

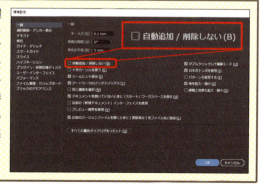

Section

62 アンカーポイントを切り替える

キーワード
▶ アンカーポイントツール
▶ スムーズポイント
▶ コーナーポイント

アンカーポイントには、スムーズポイントとコーナーポイントの2種類があります。パスを描画した後も、＜アンカーポイント＞ツールで2種類のポイントを切り替えて、パスの形状を柔軟に変えることができます。

スムーズポイントとコーナーポイント

パスを構成するアンカーポイントには、スムーズポイントとコーナーポイントの2種類があります。**スムーズポイント**は、方向線があり、アンカーポイントから出ている両端の方向線は、下図のように連動します（P.165の描き方❷）。一方、**コーナーポイント**には、方向線があるもの（P.165の描き方❸❹）とないもの（P.165の描き方❶）があります。方向線があるものの場合、アンカーポイントから出ている両端の方向線は、別々に動きます。

スムーズポイントとコーナーポイントは、パスの描画後も、＜アンカーポイント＞ツールで切り替えることができます。アンカーポイントを切り替えることで、パスの形状を柔軟に変えることができます。

スムーズポイントは、丸みがある曲線的なパスを構成します。それに対し、コーナーポイントは、直線的なパスや、直線と曲線、曲線の連続などの切り返しがあるパスを構成します。

スムーズポイント

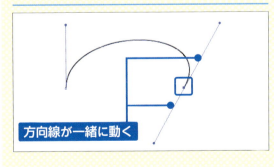

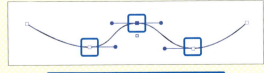

コーナーポイント

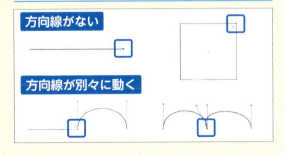

アンカーポイントツールでアンカーポイントを切り替える

1 ツールを選択する

ツールパネルから＜ペン＞ツールを長押しし❶、＜アンカーポイント＞ツールをクリックします❷。

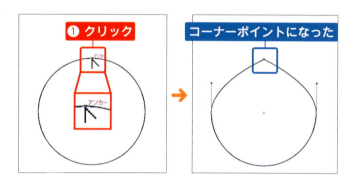

2 スムーズポイントをコーナーポイントにする

正円のパスの上部のアンカーポイントはスムーズポイントです。アンカーポイント上にマウスポインターを合わせ、に変わったらクリックします❶。すると、方向線がないコーナーポイントになります。

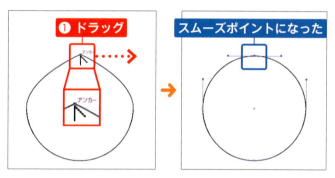

3 コーナーポイントをスムーズポイントにする

コーナーポイントを＜アンカーポイント＞ツールでドラッグすると❶、再びスムーズポイントになります。

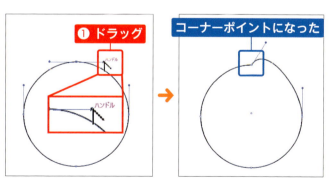

4 スムーズポイントをコーナーポイントにする

スムーズポイントの片側の方向線の先端を＜アンカーポイント＞ツールでドラッグすると❶、両端の方向線が別々に動くコーナーポイントになります。

Hint ＜ハンドル＞の表示

方向点上にマウスポインターを合わせると、「ハンドル」と表示されます。

Chapter 7 ペンツールを使ってオブジェクトを描画しよう

Section 63 イラストをトレースする

キーワード
- ペンツール
- 配置
- テンプレートレイヤー

＜ペン＞ツールを使ったトレース（下絵をなぞって描画すること）は、定番の作業です。下書きしたイラストをスキャナーで画像化し、Illustratorのドキュメントに下絵として配置して、トレースの練習をしてみましょう。

下絵を配置する

1 ドキュメントを準備する

新規のドキュメントを用意します（P.50）。新規ドキュメントの＜レイヤー＞パネルには、＜レイヤー1＞が表示されます。

ドキュメントの幅	297mm
ドキュメントの高さ	210mm
方向	横
カラーモード	CMYKカラー

2 下絵を配置する

メニューバーの＜ファイル＞をクリックし❶、＜配置＞をクリックします❷。

Hint 配置の使い方

＜配置＞は、トレース作業で下絵画像を配置する以外に、レイアウト作業で写真画像を配置する際にも使用します（P.282）。その際は、＜テンプレート＞のチェックをはずします。

3 下絵を指定する

＜配置＞ダイアログで、配置したい下絵の画像を選択し❶、＜テンプレート＞をクリックしてチェックを入れて❷、＜配置＞をクリックします❸。

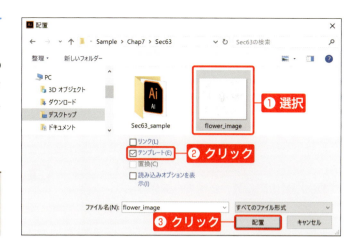

Hint リンクの設定

＜リンク＞にチェックが入っていた場合は、クリックしてチェックをはずしてください。

4 下絵が配置された

ドキュメントに下絵が配置されました。＜レイヤー＞パネルには、下絵画像が格納された＜テンプレートレイヤー＞が最下部にできます。これは、下絵画像用のレイヤーで、トレースがしやすいようにロックがかかっています。

Hint テンプレートレイヤーとは

テンプレートレイヤーは、＜配置＞ダイアログで＜テンプレート＞にチェックを入れて画像を配置するとできる、下絵画像用のレイヤーです。＜レイヤー＞パネルの最下部に作成され、トレースがしやすいようにロックがかかっています。また、画像は半透明で配置されます。配置画像の透明度を変更したい場合は、＜レイヤー＞パネルのテンプレートレイヤーの名前の真上を避けてダブルクリックし、表示される＜レイヤーオプション＞ダイアログの＜画像の表示濃度＞で変更します。

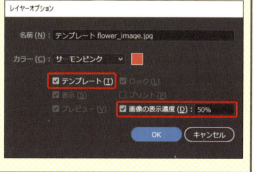

下絵をトレースする

1 レイヤーを切り替える

テンプレートレイヤーより上のレイヤーを選択し、トレース作業を行います。ここでは、<レイヤー1>を選択して作業しますが❶、必要に応じて、レイヤーを追加したり、レイヤー名を変更したりして、作業しましょう(P.192)。

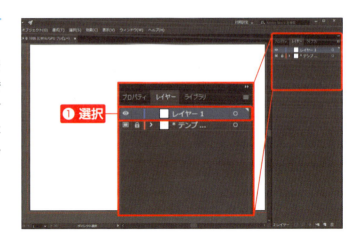

2 作業領域を拡大する

<ズーム>ツールをクリックし❶、作業領域がよく見えるように何度かクリックして拡大します❷。

3 トレースの準備をする

ツールパネルから<ペン>ツールをクリックし❶、塗りと線の設定をします❷。塗りはなし、線は赤などの黒以外の色にすると、下絵との違いがわかりやすく、トレースがしやすくなります。また、線幅の設定をします❸。0.5pt程度がおすすめです。

Hint 線パネルを表示する

<線>パネルが表示されていない場合は、メニューバーの<ウィンドウ>→<線>をクリックして表示します。

4 トレースする

下絵を元に、P.165の4つの描画方法のどれを使うのが適切かを判断しながら、トレースします❶。多少ゆがんでも、後で修正できるので、まずは終点までトレースし、1つのパスを完了できるようにしましょう。

Hint 失敗しても戻れば大丈夫！

失敗してもあわてずに、Ctrl(Command)+Zキーを押せば、押した回数分だけ作業の段階を戻ることができます。

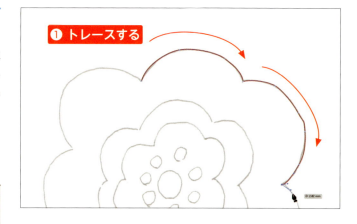

❶ トレースする

5 パスを修正する

1つのパスを完了できたら、ゆがみがないか、下絵と大きくずれていないかをチェックし、修正します。＜ダイレクト選択＞ツールでアンカーポイントを選択すると、アンカーポイントの位置を動かしたり、方向線の長さや角度を調整できます。

6 パスを描き重ねて完成させる

パスを描き重ねて完成させます。すべてトレースした後に、個々のパスを選択して、塗りと線の設定をして配色します。
作業途中や完成後に、テンプレートレイヤーの ▣ をクリックして非表示にし❶、トレースの仕上がりを確認します。

Hint テンプレートレイヤーの表示コラム

テンプレートレイヤーの表示コラム ▣ は、通常のレイヤーの表示コラム 👁 (P.186)の表示と異なりますが、操作方法は同様です(P.188)。

❶ クリック

Chapter 7 ペンツールを使ってオブジェクトを描画しよう

パスを編集して別の形にする

描画したパスは、アンカーポイントやセグメントを編集して、柔軟に形を変えることができます。

■Z型の作成
描画後の別々のパスを連結して1つのパスにして、別の形にすることができます。2つの別々のパスを連結して、Z型にしてみましょう。
❶＜ペン＞ツールを選択した状態で、1つ目のパスの端点(ここでは終点)にマウスポインターを合わせると、端点の上にあることを表す🖊になります。
❷2つ目の端点(ここでは始点)にマウスポインターを合わせると、連結を表す🖊になるので、クリックして連結します。

■水滴の作成
楕円形を編集して、水滴にしてみましょう。
❶＜アンカーポイント＞ツールで上部のアンカーポイントをクリックしてコーナーポイントにし(P.179)、オブジェクトの選択を解除します。
❷＜ダイレクト選択＞ツールで下半分の3つのアンカーポイントを囲むようにドラッグして選択し、↓キーを押してアンカーポイントの重心を下げます。下げ過ぎたら↑キーを押してアンカーポイントの重心を上げます。好みでバランスを調整して仕上げましょう。

■ハートの作成
正円を編集して、ハートにしてみましょう。
❶＜アンカーポイント＞ツールで下部のアンカーポイントをクリックしてコーナーポイントにし(P.179)、オブジェクトの選択を解除します。
❷＜ダイレクト選択＞ツールで上部のアンカーポイントをクリックし、方向線を表示します。＜アンカーポイント＞ツールで片側の方向線の方向点をドラッグし、方向線の向きを変えます。
❸＜ダイレクト選択＞で上部のアンカーポイントをクリックし、方向線を表示します。もう片側の方向線の方向点をドラッグし、角度を調整します。
❹＜ダイレクト選択＞で左部のアンカーポイントをクリックし、方向線を表示します。方向線の方向点をドラッグし、角度を調整します。右部の方向線も同様に調整します。
❺アンカーポイントの位置や方向線を整え、好みでバランスを調整して仕上げましょう。

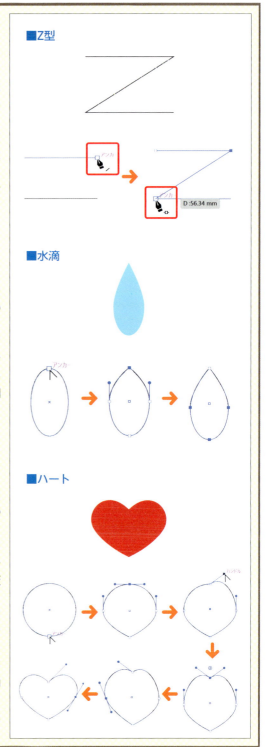

Chapter

8

レイヤーを使いこなそう

ここでは、レイヤーについて確認しましょう。レイヤーとは、透明なフィルムのようなものです。複雑なレイアウトを行う際、オブジェクトをレイヤーに分けて描くことで、効率的に作業ができます。

Section

64 レイヤーとは

キーワード
- レイヤーパネル
- 表示コラム
- 編集コラム

レイヤーとは、透明のフィルムのようなものです。オブジェクトをレイヤーに分けて描画することで、複雑なレイアウトを効率よく管理できます。ここでは、レイヤーを管理する＜レイヤー＞パネルの各部の名称と役割を確認しましょう。

レイヤーは、複雑なレイアウトを分割して管理できる

レイヤーとは、透明のフィルムのようなもので、何枚も追加して重ねることができます。レイアウトが複雑になり、オブジェクトの数が増えたドキュメントは、レイヤーを分けて整理することで、効率よく作業できます。

レイヤーを管理しているのは、＜レイヤー＞パネルです。上部のレイヤーほど、重なりが前面になりますが、作成後に重なりの順序を変更できます。また、レイヤーは、個別に非表示にしたり、ロックをかけることができます。

レイヤーは＜レイヤー＞パネルで管理されており、上部のレイヤーほど、重なりが前面になる

❶表示コラム	表示／非表示を切り替えます
❷編集コラム	ロック／ロック解除を切り替えます
❸ターゲットコラム	アピアランスが設定されているとグレーの丸⚪で表示されます。選択されていると二重丸◎になります
❹選択コラム	オブジェクトを選択すると、表示されます

Chapter 8 レイヤーを使いこなそう

186

レイヤーパネルでアートワークの構造を確認する

1 レイヤーパネルを表示する

メニューバーの＜ウィンドウ＞をクリックし❶、＜レイヤー＞をクリックして❷、＜レイヤー＞パネルを表示します。CC 2018では、画面右側のパネルに最初から表示されています。

2 レイヤーパネルが表示された

＜レイヤー＞パネルが表示されました。複数のレイヤーが重なり、アートワークが構成されていることがわかります。上部のレイヤーほど、重なりが前面になります。
レイヤー数は、パネルの左下に表示されます。

3 レイヤーを展開、縮小する

レイヤーの左横の▶をクリックすると❶、レイヤーが展開し、そのレイヤーの中にあるオブジェクトがあることがわかります。レイヤーの中で、上部のオブジェクトほど、重なりが前面になります。
▼をクリックすると❷、レイヤーは閉じます。

187

Section

65 レイヤーを表示／非表示、ロックする

キーワード
▶ レイヤーパネル
▶ 表示・非表示
▶ ロック

ここでは、＜レイヤー＞パネルを使った基本操作について確認しましょう。レイヤーを表示／非表示することで、ビジュアルのシミュレーションが簡単にできます。また、レイヤーは、ロックして固定することができます。

レイヤーの表示／非表示を切り替える

1 レイヤーを非表示にする

＜レイヤー＞パネルで非表示にしたいレイヤーの＜表示を切り換え＞👁 をクリックします❶。

2 レイヤーが非表示になった

レイヤーが非表示になり、ビジュアルも変わりました。

3 レイヤーを表示する

＜レイヤー＞パネルで表示したいレイヤーの左端にある四角■をクリックすると❶、👁 が付いたレイヤーが表示されます。

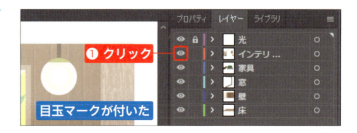

レイヤーをロック／ロック解除する

1 レイヤーをロックする

＜レイヤー＞パネルで、ロックしたいレイヤーの＜表示コラム＞の右隣にある四角＜ロックを切り替え＞■をクリックします❶。

2 レイヤーがロックされた

レイヤーに🔒マークが付き、ロックされます。

3 ロックを解除する

＜レイヤー＞パネルで＜ロックを切り替え＞🔒をクリックし、アイコンの表示を■にすると、ロックが解除されます。

StepUp アクティブレイヤー（選択されているレイヤー）

＜レイヤー＞パネルの下部の何もない箇所をクリックすると❶、ハイライトされたレイヤーはなくなり、レイヤーは選択されていないように見えます。しかし実際は、■ が表示されたアクティブレイヤー（選択されているレイヤー）があります。この状態でオブジェクトを描画すると、アクティブレイヤーに格納されます。ただし、右図の例のように、ロックされているアクティブレイヤーには、描画ができません。
なお、レイヤーを表示／非表示、ロックする際には、事前にレイヤーを選択していなくてもかまいません。

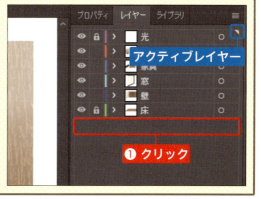

Section 66 レイヤーやオブジェクトを移動する

キーワード
- レイヤーパネル
- レイヤーの移動
- オブジェクトの移動

オブジェクトは＜レイヤー＞パネルで上部のレイヤーにあるものほど、前面に配置されますが、レイヤーの順序は、後からでも変更できます。また、オブジェクトを別のレイヤーへ移動することもできます。

レイヤーを移動して重なり順を変更する

1 レイヤーを移動する

＜レイヤー＞パネルで、移動したいレイヤーをドラッグします❶。

❶ドラッグ

2 レイヤーが移動した

レイヤーが移動しました。ここでは、＜床＞レイヤーを移動したことで、それより下のレイヤーに描かれたオブジェクトが隠れて見えなくなりました。

ビジュアルが変わった

レイヤーが移動した

 レイヤーを元の位置に戻すには

レイヤーを元の位置に戻すには、レイヤーを元の位置にドラッグするか、Ctrl（Command）+Zを押して、前の手順に戻りましょう。

オブジェクトを別のレイヤーに移動する

1 オブジェクトを選択する

移動したいオブジェクトを選択します❶。表示される選択コラム ■ を、目的のレイヤーにドラッグ＆ドロップします❷。

Hint 選択コラムのアイコンの色

選択コラムのアイコンの色は、レイヤーに割り当てられている色（P.193）になり、オブジェクトの境界線の色と同じです。

2 オブジェクトが移動した

オブジェクトが移動しました。ここでは、＜家具＞レイヤーへ移動したことで、選択コラムと境界線の色が青に変わりました。

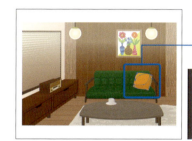

StepUp レイヤーを別のレイヤーのサブレイヤーにする

レイヤーを別のレイヤーの真上にドラッグし、青くハイライト表示された状態でドロップすると❶、移動したレイヤーのサブレイヤーになります。レイヤーの重なり順を変更する操作と混同しやすいので、注意しましょう。レイヤーをドラッグするときの表示に注目すると、うまく操作できます。
なお、ロックされているレイヤーには、ドラッグ＆ドロップできず、サブレイヤーにすることができません。

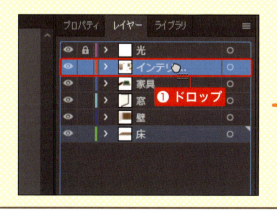

Section

67 レイヤーを作成する

キーワード
- レイヤーパネル
- 新規レイヤーを作成
- レイヤーオプション

新規ドキュメントを作成すると、＜レイヤー＞パネルに、＜レイヤー1＞という名前のレイヤーが1つ用意された状態からスタートします。レイヤーは追加したり、名前を変更できるので、作業内容に応じて効率よく整理していきましょう。

新規レイヤーを作成する

1 ＜新規レイヤーを作成＞をクリックする

Alt （option）を押しながら、＜新規レイヤーを作成＞ をクリックします❶。

Hint 新規レイヤー作成時のコツ

Alt （option）を押すと、ダイアログを表示させることができ、作成と同時にレイヤー名を付けられるので効率的です。キーを押さずに作成すると、自動的に＜レイヤー●（数字）＞というレイヤー名が付きます。

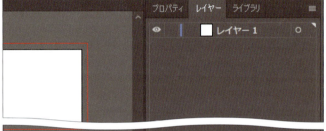

2 レイヤー名を付ける

＜レイヤーオプション＞ダイアログが表示されます。＜名前＞にレイヤー名を入力し❶、＜OK＞をクリックします❷。

Hint レイヤー名の付け方

レイヤー名の付け方に決まったルールはないので、作業する上でわかりやすい名前にするとよいでしょう。例えば、文字用のレイヤーであれば＜文字＞、写真用のレイヤーであれば＜写真＞などです。

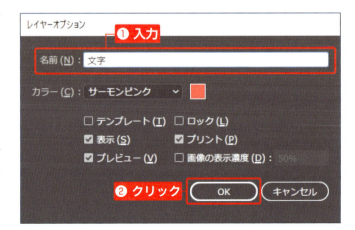

3 レイヤーが追加された

レイヤーが追加されました。新規レイヤーは、事前に選択したレイヤーの真上に追加される仕組みになっています。

レイヤー情報を変更する

1 レイヤーオプションを表示する

＜レイヤー＞パネルで情報を変更したいレイヤーの、何も書かれていないところをダブルクリックします❶。

2 名前とカラーを変更する

＜レイヤーオプション＞ダイアログが表示されるので、＜名前＞でレイヤー名を入力します❶。＜カラー＞の ▼ をクリックし❷、表示されるリストからレイヤーに割り当てる色をクリックして、＜OK＞をクリックします❸。

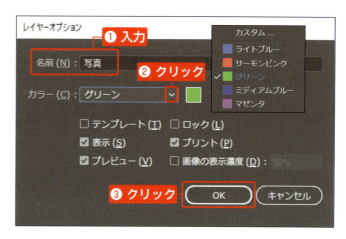

Hint レイヤー名を変更する

レイヤー名をダブルクリックすると、入力モードになり、レイヤー名を変更できます。

Hint レイヤーのカラーとは

レイヤーに配置されているオブジェクトの境界線の色です。オブジェクトと異なる色を選択したほうが、境界線が見やすくなります。

3 レイヤー情報が変更された

レイヤー名と、レイヤーに割り当てる色が変更されました。

Section 68 レイヤー構造を保持して別のドキュメントで活用する

キーワード
- レイヤーパネル
- コピー元のレイヤーにペースト
- レイヤー構造を保持

＜コピー元のレイヤーにペースト＞の機能を使うと、選択したオブジェクトをレイヤー構造を保持した状態で、別のドキュメントにペーストできます。地図やロゴのように、使い回すことが多いアートワークのペースト時に便利です。

オブジェクトをコピー元と同じレイヤーにペーストする

1 パネルメニューで設定する

コピー前の＜レイヤー＞パネルの構造を確認します。
コピーしたいオブジェクトを選択し❶、＜レイヤー＞パネルの■をクリックして❷、パネルメニューを表示し、＜コピー元のレイヤーにペースト＞をクリックします❸。＜コピー元のレイヤーにペースト＞にチェックが入り、有効になります。

Hint ペースト先のレイヤー

レイヤー構造を保持してペーストする必要がない場合は、＜コピー元のレイヤーにペースト＞のチェックをはずします。その場合は、ペースト先のドキュメントの、事前に選択したレイヤーにペーストされます。

2 オブジェクトをコピーする

メニューバーの＜編集＞をクリックし❶、＜コピー＞をクリックして❷、選択したオブジェクトをコピーします。

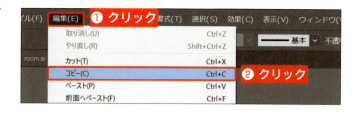

3 別のドキュメントにペーストする

別のドキュメントを開き、ペースト前の＜レイヤー＞パネルの構造を確認します。＜編集＞メニューをクリックし❶、＜ペースト＞をクリックして❷、選択したオブジェクトをペーストします。

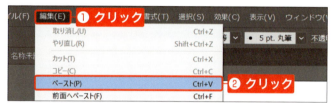

4 ペーストできた

コピー元のドキュメントのレイヤー構造を保持した状態でペーストできました。

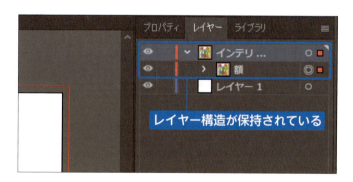

レイヤー構造が保持されている

StepUp カット・コピー・ペーストのショートカット

頻繁頻度が高い＜コピー＞と＜ペースト＞コマンドは、ショートカットを活用すると、作業効率が上がります。また、元のオブジェクトを残さない＜カット＞も合わせて整理しておきましょう。

- カット ･････ Ctrl+X（Command+X）
- コピー ･････ Ctrl+C（Command+C）
- ペースト ･･･ Ctrl+V（Command+V）

オブジェクトをどこにペーストするかによって、ペーストにはさまざまな方法があるので、使い分けるといいでしょう。

Section 69 地図を作成する

キーワード
- テンプレートレイヤー
- レイヤーパネル
- オブジェクトの描画

これまで学習した機能を組み合わせて、地図を作成しましょう。地図は、基本図形や線、文字を組み合わせて作成します。レイヤーを分けて作業をすると効率的です。

下絵を配置する

1 下絵を配置する

P.180を参考にして、下絵を配置します。<レイヤー>パネルには、下絵画像が格納された<テンプレートレイヤー>が最下部にできます。これは、下絵画像用のレイヤーで、トレースがしやすいようにロックがかかっています。

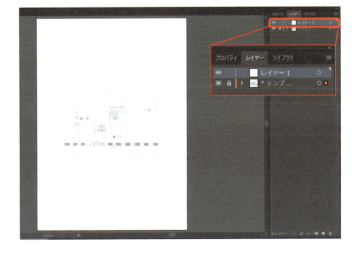

レイヤーを作成する

1 レイヤー1の名前を変更する

＜レイヤー＞パネルの＜レイヤー1＞の名前の上をダブルクリックし❶、名前を＜道路＞に変更します（P.193）❷。

2 レイヤーを追加する

レイヤーを追加し（P.192）、右図のようなレイヤー構造にします。以降、作業に応じたレイヤーを選択してレイアウトします。

オブジェクトを描画する

1 道路を作成する

＜道路＞レイヤーをクリックして選択し❶、＜直線＞ツール（P.88）や＜ペン＞ツール（P.164）を使って、道路をトレースします。道幅や線端の形状は、＜線＞パネルの＜線幅＞や＜線端＞で調整します（P.108）。作業が済んだら、＜道路＞レイヤーをロックします。

Hint 道路を合体させる

交差した道路は、道路のパスをアウトライン化し（P.142）、＜パスファインダー＞パネルの＜合体＞を使って合体します（P.150）。

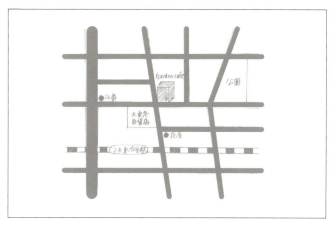

2 線路を作成する

＜線路＞レイヤーをクリックして選択し❶、同様に線路をトレースします。＜道路＞レイヤーは非表示にすると、線路だけの仕上がりが確認できます。線路のつくり方は、P.228を参照してください。

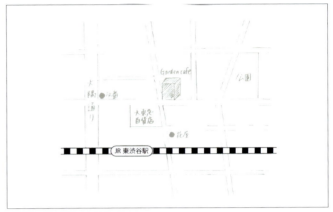

3 目印を作成する

＜目印＞レイヤーをクリックして選択し❶、目印をトレースします。長方形や楕円形、文字を使って目印にしたり、パスを編集して変形してもよいでしょう。
完成したら、テンプレートレイヤーを非表示にし(P.188)、仕上がりを確認します。
ここでは、目的地(Garden cafeというカフェ)が目立つように道路の色をグレーにしてひかえめにし、建物に立体感を出しました(P.144)。

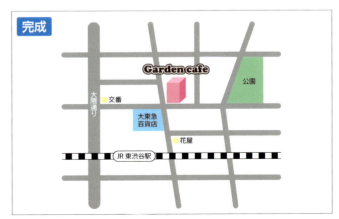

Chapter

9

文字を入力・編集しよう

ここでは、文字の入力と編集について
確認しましょう。文字の入力方法や、
文字や段落の設定方法を理解すると、
効率よく文字を入力・編集できます。
文字に関する便利な機能も紹介します。

Section

70 文字の入力方法

キーワード
- ポイント文字
- エリア内文字
- パス上文字

文字を入力・編集する文字系のツールには、大きく分けて横書き用と縦書き用があり、それぞれにポイント文字、エリア内文字（段落文字）、パス上文字の3つのツールがあります。これらを使い分けて、効率よく文字入力ができるようになりましょう。

文字ツールと文字タッチツール

文字を入力、編集する<文字>ツールには、**ポイント文字、エリア内文字（段落文字）、パス上文字**の3つがあり、それぞれ横書き用と縦書き用が用意されています。基本的な文字の入力と編集は、すべて<文字>ツールで行うことが可能です。
また、**<文字タッチ>ツール（CCのみ）** を使うと、テキストオブジェクトをアウトライン化（P.214）せずに、個々の文字を変形できるので、文字に動きを付けるなどの装飾が簡単にできます。

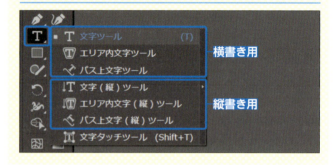

文字系ツール

StepUp サンプルテキストの割り付けを無効にする（CCのみ）

CCより、文字入力の際に、自動的にサンプルテキストを割り付ける機能が追加されました。そのまま文字入力をすれば、サンプルテキストに上書きできますが、不要であれば、この機能を無効にしましょう。
メニューバーの<編集>（Macは<Illustrator CC>）をクリックし、<環境設定>→<テキスト>をクリックすると、<環境設定>ダイアログが表示されるので、<新規テキストオブジェクトにサンプルテキストを割り付け>のチェックをはずします❶。

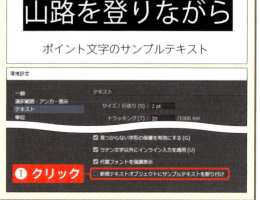

ポイント文字

＜文字＞ツールでアートボードを**クリック**し❶、カーソルが点滅したら、文字を入力できます。改行しない限り、文字が横（縦）に流れ続けるので、タイトルや見出しなどの短文の入力に向いています。

クリックすると、カーソルが点滅する

改行しない限り、文字は流れ続ける

Photoshop

エリア内文字（段落文字）

＜文字＞ツールでアートボードを**ドラッグ**し❶、テキストエリア内にカーソルが点滅したら、文字を入力できます。エリアの端まで文字が流れると、自動的に折り返すので、長文の入力に向いています。既存のオブジェクトのパスを＜エリア内文字＞ツールでクリックしても、同様に入力できます。

ドラッグすると、テキストエリア内にカーソルが点滅する

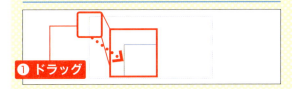

自動的に行を折り返すので、長文入力向き

あらゆるクリエイティブワークの中核となる、世界最高峰の画像編集アプリケーション。写真、Web サイトやモバイルアプリなどのデザイン、3D アートワーク、ビデオなどの制作と編集をデスクトップとモバイルデバイスでおこなえます。

パス上文字

事前に作成したパス（P.80）の上を、＜文字＞ツールでクリックし❶、カーソルが点滅したら、文字を入力できます。文字に動きを付けたい場合など、アイデア次第で面白い表現ができます。

パス上をクリックすると、カーソルが点滅する

パスに沿って文字が流れる

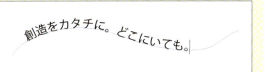

201

Section

71 文字の種類やサイズなどを設定する

キーワード
- 文字ツール
- 文字パネル
- 字間の調整

文字の種類やサイズ、文字の間隔などといった設定は、＜文字＞パネルで行います。入力後も、文字の設定は変更できます。ここでは、ポイント文字（P.201）を入力し、基本的な文字の設定を見てみましょう。

フォントとフォントサイズを設定する

1 文字ツールを選択する

ツールパネルから＜文字＞ツールをクリックします❶。

2 パネルを表示する

メニューバーの＜ウィンドウ＞をクリックし❶、＜書式＞→＜文字＞をクリックして❷、＜文字＞パネルを表示します。

Memo 簡易表示と詳細表示

右のパネルは簡易表示のものです。必要な設定は簡易表示でもできますが、＜文字＞パネルの ■ をクリックし、パネルメニューから＜オプションを表示＞をクリックすると、詳細表示になり、さらに細かい設定ができます。

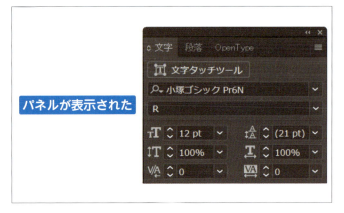

パネルが表示された

3 フォントを設定する

＜フォントファミリを設定＞の ▼ をクリックし❶、リストからフォント（書体）をクリックします❷。

Hint フォントファミリとは

フォントファミリとは、同じ形状を持つフォントのグループです。フォント名の左横に ▶ が表示されているフォントファミリには、フォントスタイルという太さ違いのバリエーションがあります。

4 フォントスタイルを設定する

＜フォントスタイルを設定＞の ▼ をクリックし❶、リストからフォントスタイル（太さ）をクリックします❷。

Hint フォントスタイル

フォントスタイルとは、フォントスタイルの中の太さ違いのバリエーションです。フォントスタイルがないフォントは、▼ が表示され、選択できません。

5 フォントサイズを設定する

＜フォントサイズを設定＞の ▼ をクリックし❶、リストからフォントサイズをクリックします❷。数値ボックスに数値を入力したり、▲▼ をクリックしてサイズを1ptずつ増減することもできます。

行間を調整して文字を入力する

1 行送りを設定する

＜行送りを設定＞の ▼ をクリックし❶、リストから行送りを選択します❷。数値ボックスに数値を入力したり、▲▼ をクリックしてサイズを1ptずつ増減することもできます。

> **Hint 行送り**
>
> 行送りとは、行と行の垂直方向の間隔のことです。表示される値は、フォントサイズ＋行間の数値です。また、自動行送りの初期値は、フォントサイズの175%で、数値が括弧()で囲まれています。

2 クリックして文字を入力する

画面上をクリックして、カーソルが点滅したら❶、文字を入力します❷。

3 文字が入力できた

入力後、＜選択＞ツールでテキストオブジェクトを選択すると、ベースラインが表示されます。

文字の色を設定する

1 色を設定する

塗りに色を設定し❶、配色します。

> **Hint 文字の設定を変更する**
>
> 文字の線にも色を設定できますが、線幅が太くなるにつれ、文字がつぶれてしまいます。また、＜文字＞ツールで文字をドラッグすると、選択した文字だけを編集できます。

文字間を調整する

1 トラッキングで全体を調整する

＜選択＞ツールでテキストオブジェクトを選択し①、＜選択した文字のトラッキングを設定＞の▼をクリックし②、リストから数値をクリックします③。数値ボックスに数値を入力したり、▲をクリックしてサイズを1ずつ増減することもできます。正の値で字間が開き（アキ）、負の値で詰まります（ツメ）。

2 カーニングで字間を調整する

バランスが悪い場合は、特定の字間の調整を行います。＜文字＞ツールでクリックして特定の字間にカーソルを入れ①、＜文字間のカーニングを設定＞で手順1と同様に設定します②。[Alt]（[option]）を押しながら[←]（ツメ）、[→]（アキ）を押し、設定することもできます。

Hint カーソルを移動する

目的の場所にカーソルを移動するには、矢印キーを使います。

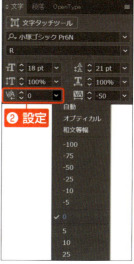

3 字間が調整された

特定の文字間を調整できました。適宜、ほかの字間も調整して仕上げます。

Hint トラッキングとカーニング

＜トラッキング＞は、選択したテキストオブジェクトの字間が一律に調整されます。それに対し、＜カーニング＞は、特定の字間を調整します。字間調整のショートカットキーは、共通して使用できます。

Section

72 段落を読みやすく調整する

キーワード
▶ 文字ツール
▶ 段落パネル
▶ 行揃え

段落の設定は、＜段落＞パネルで行います。入力後も、段落の設定は変更できます。ここでは、エリア内文字（段落文字）（P.201）の行揃えを変更して、整えてみましょう。

段落の端をきれいに揃える

1 文字ツールを選択する

ツールパネルから＜文字＞ツールを選択します❶。

2 パネルを表示する

メニューバーの＜ウィンドウ＞をクリックし❶、＜書式＞→＜段落＞をクリックして❷、＜段落＞パネルを表示します。

Memo 簡易表示と詳細表示

ここでは、便宜上はじめから詳細表示になっています。簡易表示になっている場合は、＜段落＞パネルの をクリックし、パネルメニューから＜オプションを表示＞をクリックすると、詳細表示になります。

Chapter 9 文字を入力・編集しよう

206

3 ドラッグして文字を入力する

ドラッグしてテキストエリア内にカーソルが点滅したら❶、文字を入力します❷。

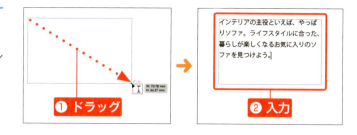

4 行揃えを変更する

初期設定の左揃えでは、テキストエリアの右端がたついて見えます。テキストオブジェクトを選択し、＜行揃え＞から＜均等配置（最終行左揃え）＞■をクリックします❶。

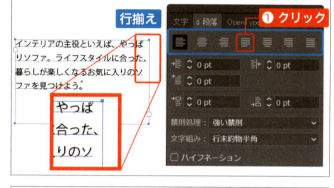

5 右端のがたつきがなくなった

＜均等配置（最終行左揃え）＞により、テキストがテキストエリアの両端で揃い、最終行のみ左揃えになりました。

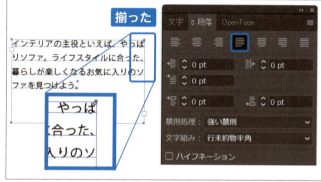

StepUp 字下げと段落前・後のアキ

＜段落＞パネルには、字下げや段落前・後の余白を設定する便利な機能があります。
字下げをするには、**インデント**を使用します。インデントとは、テキストエリアの端とテキストとの間隔のことです。＜左インデント＞と＜右インデント＞と＜1行目左インデント＞があります。＜左インデント＞にフォントサイズ、＜1行目左インデント＞に－フォントサイズを入力すると、字下げの処理ができます。
また、**段落前・後のアキ**を使うと、段落（改行）の前後に余白を設定できます。数値指定できるので、微調整しやすいです。これらを組み合わせると、読みやすい箇条書きができます。

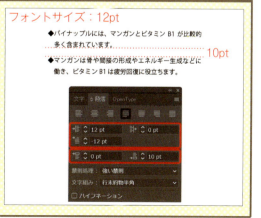

Section 73 段組を設定して文章を読みやすくする

キーワード
- エリア内文字
- エリア内文字オプション
- 段間

長文は、1行が長くなると、読みにくくなりがちです。＜エリア内オプション＞を使って、テキストエリアを段組にすると、1行の長さを短くして、可読性を高めることができます。記事などの読み物でよく使われる方法です。

テキストエリアを2段組にする

1 オプションダイアログを表示する

エリア内文字（段落文字）を選択し❶、メニューバーの＜書式＞をクリックして❷、＜エリア内文字オプション＞をクリックします❸。

2 段組の設定をする

＜エリア内文字オプション＞ダイアログボックスが表示されたら、＜プレビュー＞をクリックしてチェックを入れ❶、段組を構成する行・列の設定をします。＜段数＞を入力し❷、＜間隔＞に段と段の間隔を入力します。間隔は、テキストサイズの2文字以上にすると、窮屈になりません。フォントサイズと同じ単位（pt）を付けて数値を入力すると❸、㎜に自動で換算されます。

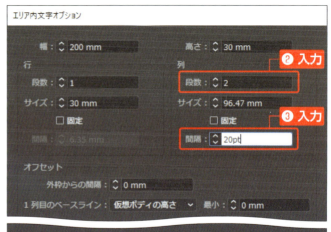

3 間隔の値が換算された

<間隔>の値が、mmに換算されました。仕上がりをプレビューで確認し、<OK>をクリックして❶、ダイアログを閉じます。

Hint 異なる単位の値への換算

異なる単位の値への換算は、ほかの数値ボックスでも同様にできます。

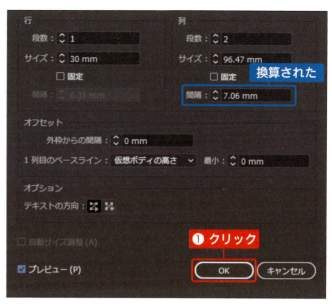

4 2段組になった

テキストエリアが2段組になりました。設定は、後から<エリア内オプション>ダイアログで変更できます。

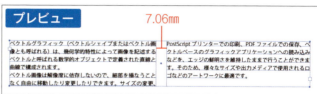

StepUp パスを段組にする

長方形などのパスを段組にすることもできます。パスを選択し、メニューバーの<オブジェクト>をクリックして❶、<パス>→<段組設定>をクリックし❷、表示されたダイアログで設定します。設定方法は、<エリア内オプション>ダイアログと同様です。<間隔>を0にすると❸、パスを隙間なく簡単に分割できます。後から<段組設定>ダイアログで変更することもできます。

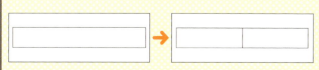

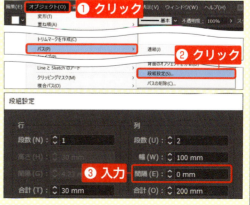

Section 74 スレッドテキストを作成する

キーワード
- スレッドテキスト
- インポートとアウトポート
- スレッド

＜エリア内オプション＞を使って設定した段組（P.208）が1つのテキストエリアなのに対し、スレッドテキストは、複数のテキストエリアで構成されます。個々のテキストエリアを、離れた位置に自由に配置したい場合に便利です。

スレッドテキストを作成する

1 インポートとアウトポートを確認する

エリア内文字（段落文字）を選択し❶、インポート（テキストの入口）とアウトポートの状態（テキストの出口）を確認します。アウトポートに ⊞ が表示されている場合、テキストエリアからテキストがあふれている（オーバーフロー）ことを表します。

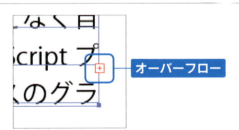

Hint オーバーフローとは

テキストエリアからテキストがあふれている状態をオーバーフローといいます。スレッドテキストを作成して続きのテキストを流し込まない場合は、テキストサイズを小さくするか、テキストエリアを大きくして対処します。

2 アウトポートをクリックする

アウトポートをクリックし❶、 を表示して、あふれているテキストの続きを流し込むモードにします。

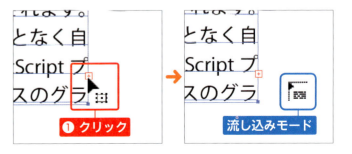

Chapter 9 文字を入力・編集しよう

210

3 続きのテキストエリアを作成する

続きを流し込みたい箇所をクリックすると❶、元のテキストエリアと同じサイズで続きのテキストエリアが作成されます。また、クリックの代わりにドラッグすると、ドラッグしたサイズのテキストエリアが作成されます。

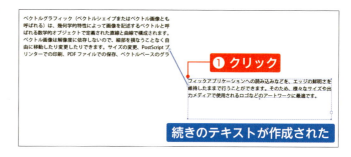

4 インポートとアウトポートを確認する

インポート（テキストの入口）とアウトポートの状態（テキストの出口）を確認します。1つ目のテキストエリアのアウトポートと、2つ目のテキストエリアのインポートがスレッドでつながっていることがわかります。

Hint スレッドとは

複数のテキストエリアをつなげる線をスレッドといいます。スレッドを隠すには、メニューバーの＜表示＞→＜テキストのスレッドを隠す＞をクリックします。

5 テキストの表示内容を確認する

複数のテキストエリアはつながっているので、1つ目のテキストエリアのテキスト量に増減があれば、2つ目以降のテキストエリアの内容も変わります。

StepUp スレッドテキストオプション

スレッドテキストに関する操作は、テキストエリアを選択して、メニューバーの＜書式＞をクリックし❶、＜スレッドテキストオプション＞のいずれかをクリックします❷。
なお、空のテキストエリアを選択し、＜作成＞を選択すると、テキストの入力前に、スレッドテキストを作成することもできます。

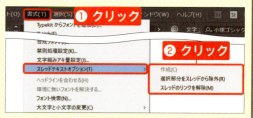

Section 75 字形パネルを活用して異体字を表示する

キーワード
- 異体字
- 字形パネル
- OpenTypeフォント

異体字とは、読み方や意味が同じで形が異なる文字のことです。旧字など特殊な文字を使用したい場合、＜字形＞パネルを使うと簡単に変換できます。OpenTypeフォントを使用するときに活用できる機能です。

任意の文字を異体字に変換する

1 字形パネルを表示する

メニューバーの＜ウィンドウ＞をクリックし❶、＜書式＞→＜字形＞をクリックして❷、＜字形＞パネルを表示します。

パネルが表示された

2 表示を切り換える

＜表示＞のをクリックし❶、＜現在の選択文字の異体字＞をクリックします❷。

Hint パネルに表示する内容

＜表示＞では、＜字形＞パネルに表示する内容を切り換えることができます。

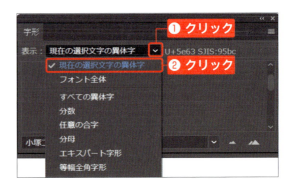

3 変換したい文字を選択する

＜文字＞ツールで、異体字に切り替えたい文字をドラッグして選択すると❶、選択した文字の異体字が表示されます。

4 異体字を適用する

適用したい異体字の上でダブルクリックすると❶、選択した文字が異体字に変換されます。

Hint 適用した異体字は優先度が上がる

一度適用した異体字は、一覧の左上に移動します。

StepUp OpenTypeフォントとは

OpenTypeフォントは、アドビシステムズ社とマイクロソフト社が共同で開発したフォント形式です。OpenTypeフォントを使ったテキストには、異体字などの文字関連の機能を適用できます。また、WindowsとMacで互換性があるフォントであるため、同一のOpenTypeフォントであれば、文字化けなどのトラブルがなく、両方でそのまま利用できます。
＜文字＞パネルなどに表示されるフォント名の右横のアイコンが O になっているものが、OpenTypeフォントです。

Section 76 テキストをアウトライン化してロゴマークを作成する

キーワード
- アウトラインを作成
- パス
- 文字タッチツール

テキストオブジェクトのアウトライン（輪郭）を作成すると、パスに変換されて文字情報がなくなり、図形のように柔軟に変形できます。使用しているフォントがない場合に起こる、文字化けなどのトラブルも解消できます。

テキストのアウトラインを作成する

1 テキストオブジェクトを選択する

＜選択＞ツールでテキストオブジェクトを選択します❶。テキストであることを表すベースラインが表示されます。

2 アウトラインを作成する

メニューバーの＜書式＞をクリックし❶、＜アウトラインを作成＞をクリックします❷。

3 アウトラインを作成できた

テキストオブジェクトのアウトライン（輪郭）を作成できました。ベースラインはなくなり、アンカーポイント（点）とセグメント（線）で構成されたパス（P.80）に変換されていることがわかります。

Hint テキストの修正はできなくなる

アウトライン作成後は、テキストの内容を変更できなくなります。必要に応じて元のテキストをコピーして残しておきましょう。

4 パスの細部を編集する

アウトライン化したオブジェクトは、グループ化されています。＜ダイレクト選択＞ツールで囲むようにドラッグすると❶、細部を編集できます。囲んだ領域内のパスを選択して、目的のアンカーポイントやセグメントをクリックして選択することもできます。

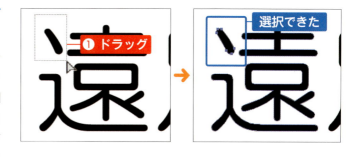

Hint グループ解除するには

メニューバーの＜オブジェクト＞をクリックし、＜グループ化解除＞をクリックすると、オブジェクトのグループを解除できます。

5 パスの一部をグラフィックに置き換える

パスの一部を消去してグラフィックに置き換えたり、一部を伸ばして動きを付けたりすると、ロゴマークができます。

StepUp 文字タッチツールでテキストオブジェクトを変形する（CCのみ）

＜文字タッチ＞ツールを使うと、テキストオブジェクトのアウトラインを作成しなくても、クリックして個々を選択したり、拡大・縮小や回転などの変形ができます。
＜文字タッチ＞ツールは、ツールパネルから選択できるほか、＜文字＞パネルの＜文字タッチツール＞をクリックしても選択できます。
ただ、ロゴマークの作成など、より細かな編集を必要とする実務では、アウトラインを作成することが一般的です。状況に応じて使い分けましょう。

縦組みの文字入力と編集

本書では、横組みの文字入力と編集について解説していますが、ここで縦組みについても確認しておきましょう。

縦組みで文字を入力するには、**＜文字（縦）＞ツール**を使います。入力方法については、横組みと同様です（P.202）。

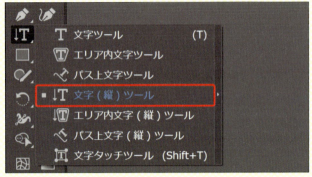

縦組みで文字を入力する際、半角英数字の向きを正す必要があります。

■縦中横
選択した文字列を1つのまとまりとして回転します。
文字列を選択し、＜文字＞パネルのパネルメニューから**＜縦中横＞**をクリックしてチェックを入れます。

■縦組み中の欧文回転
選択した文字列を個別に回転します。
文字列を選択し、＜文字＞パネルのパネルメニューから**＜縦組み中の欧文回転＞**をクリックしてチェックを入れます。

いずれも解除するには、チェックをはずします。

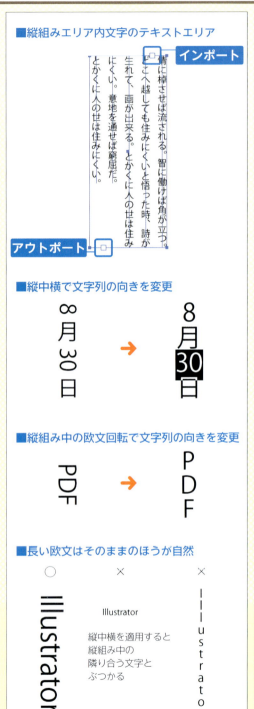

Chapter 10

効果・アピアランス・グラフィックスタイルを使おう

ここでは、効果・アピアランス・グラフィックスタイルについて確認しましょう。アピアランスとは、オブジェクトの見た目のことです。効果を適用することで、より複雑なアピアランスを持つグラフィックを作成できます。アピアランスは、グラフィックスタイルとして登録・活用できます。これらの機能は、関連付けて覚えると効率的に作業できます。

Section 77 オブジェクトを膨張・収縮させて花や光の形にする

キーワード
- パンク・膨張
- アピアランスパネル
- 変形

＜パンク・膨張＞効果を使うと、基本図形を膨張したり収縮して、複雑な形にすることができます。オブジェクトのアピアランス（見た目）を管理している＜アピアランス＞パネルに設定が残るので、変形後も簡単に編集できます。

パンク・膨張効果でオブジェクトを変形する

1 パンク・膨張ダイアログを表示する

オブジェクトを選択し、メニューバーの＜効果＞をクリックして❶、＜パスの変形＞→＜パンク・膨張＞をクリックします❷。

2 パンク・膨張の設定をする

＜パンク・膨張＞ダイアログボックスが表示されるので、＜プレビュー＞をクリックしてチェックを入れます❶。スライダーを左右にドラッグするか、数値ボックスに数値を入力するかして膨張率・収縮率を設定し❷、＜OK＞をクリックします❸。

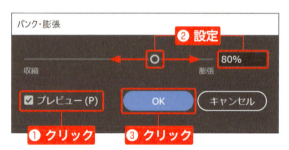

3 オブジェクトが変形した

オブジェクトの見た目が、元の形状を保持したまま、変形しました。

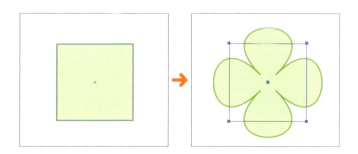

Hint 膨張率と縮小率

ダイアログで数値を設定する際、オブジェクトは、正の値（＋）で膨張し、負の値（－）で縮小します。

膨張・収縮の設定を変更する

1 アピアランスパネルを表示する

＜ウィンドウ＞メニューをクリックし❶、＜アピアランス＞をクリックして❷、＜アピアランス＞パネルを表示します。オブジェクトを選択すると❸、オブジェクトのアピアランス（見た目）を確認できます。

2 設定を変更する

＜アピアランス＞パネルの＜パンク・膨張＞効果をクリックすると❶、ダイアログボックスが表示されます。＜プレビュー＞をクリックしてチェックを入れ❷、設定を変更し❸、＜OK＞をクリックすると❹、オブジェクトの形状が変化します。

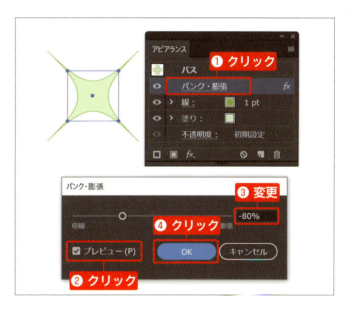

StepUp アピアランスとは

アピアランスとは、**オブジェクトの見た目**のことです。＜アピアランス＞パネルで管理し、オブジェクトを構成する属性（塗り・線・効果など）が表示されます。
パネルで管理されている効果名をクリックすると、ダイアログボックスが表示され、設定を変更できます。また、オブジェクトに塗りや線を追加して（P.226）、より複雑なグラフィックを作成できます。なお、属性項目は、パネル内の上部にあるほど前面になり、項目をドラッグして順序を変えると、オブジェクトの見た目が変わります。

Section

78 オブジェクトに影を付ける

キーワード
▶ ドロップシャドウ
▶ アピアランスパネル
▶ オフセット

＜ドロップシャドウ＞効果を使うと、オブジェクトに影を付けることができます。影を付けた後も、＜アピアランス＞パネルを使って、影の濃さやぼけ加減、影とオブジェクトの距離などを変更できます。

ドロップシャドウ効果でオブジェクトに影を付ける

1 ダイアログボックスを表示する

オブジェクトを選択し、メニューバーの＜効果＞をクリックして❶、＜スタイライズ＞→＜ドロップシャドウ＞をクリックします❷。

2 影の設定をする

＜ドロップシャドウ＞ダイアログボックスが表示されるので、＜プレビュー＞をクリックしてチェックを入れます❶。＜X軸オフセット＞＜Y軸オフセット＞(オブジェクトと影の距離)❷と、＜ぼかし＞(影のぼけ加減)にそれぞれ数値を入力して❸、＜OK＞をクリックします❹。

3 オブジェクトに影が付いた

オブジェクトに影が付きました。

Hint 乗算とは

描画モードを＜乗算＞にすると、下地の色と描画の色が掛け合わされ、より自然な影のようになります。

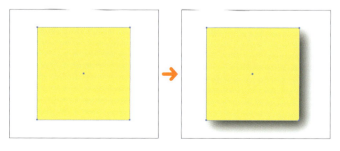

影の設定を変更する

1 設定を変更する

オブジェクトを選択し❶、＜アピアランス＞パネルの＜ドロップシャドウ＞をクリックすると❷、ダイアログボックスが表示されます。＜プレビュー＞をクリックしてチェックを入れ❸、設定を変更し❹、＜OK＞をクリックします❺。

Hint オフセットとは

＜オフセット＞とは、オブジェクトと影の距離で、X軸（左右方向）とY軸（上下方向）があります。数値を小さくすると、影がオブジェクトに近づき、小さく見えます。

2 影を変更できた

影を変更できました。

StepUp 効果を表示／非表示、削除する

＜アピアランス＞パネルを使って、効果を表示／非表示したり、削除することができます。
オブジェクトを選択し❶、＜アピアランス＞パネルの＜ドロップシャドウ＞の左にある 👁 をクリックすると❷、アイコンが ■ になり、効果が非表示になります。■ をクリックして 👁 にすると、効果が再び表示されます。
また、パネルの何もないところをクリックして選択し❸（効果名をクリックすると、ダイアログボックスが表示されます）、＜選択した項目を削除＞🗑 をクリックすると❹、効果を削除できます。
効果の表示／非表示、削除は、さまざまな効果で使用できるので、ぜひ活用しましょう。

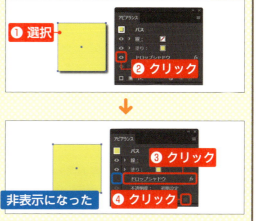

Section 79 オブジェクトの形をワープでゆがめる

キーワード
- ワープ
- アピアランスパネル
- スタイル

＜ワープ＞効果を使うと、オブジェクトをさまざまな形にゆがめることができ、円弧やアーチ、旗や波などの形にすることができます。＜アピアランス＞パネルを使って、後から形を変えることもできます。

ワープ効果でテキストをゆがめる

1 ワープ効果を適用する

オブジェクトを選択し、メニューバーの＜効果＞をクリックして❶、＜ワープ＞→＜円弧＞をクリックします❷。

2 ワープの設定をする

＜ワープオプション＞ダイアログボックスが表示されるので、＜プレビュー＞をクリックしてチェックを入れ❶、＜カーブ＞でゆがみの度合を設定し❷、＜OK＞をクリックします❸。

Hint 変形

＜変形＞の＜水平方向＞と＜垂直方向＞では、ゆがみの偏りの度合を設定します。＜0％＞で偏りがなくなります。

3 テキストがゆがんだ

テキストがゆがみました。

ゆがみの設定を変更する

1 設定を変更する

オブジェクトを選択し❶、＜アピアランス＞パネルの＜ワープ＞をクリックすると❷、ダイアログボックスが表示されます。＜プレビュー＞をクリックしてチェックを入れ❸、設定を変更し❹、＜OK＞をクリックします❺。

2 ゆがみを変更できた

ゆがみを変更できました。

StepUp　ワープ効果を使ってゆがめたテキストとパス上文字との違い

＜ワープ＞効果を使ってゆがめたテキスト❶と、＜パス上文字ツール＞でゆがんだパスに入力されたパス上文字（P.201）❷は、＜アピアランス＞パネルを使ってワープの形を柔軟に変更できる点が異なります。
パス上文字のパスを編集すると、パスの上にあるテキストの並び方や角度が変わりますが、文字の形そのものは変わりません。
それに対し、＜ワープ＞効果を使ってゆがめたテキストは、文字の形そのものがゆがみます。＜スタイル＞で形を選択したり数値を指定したりして簡単にほかの形にでき、アレンジのバリエーションも豊富です。さまざまな形があるので、切り替えて試してみましょう。

❶＜ワープ＞効果を使ってゆがめたテキスト

❷パス上テキスト

パスを編集するとテキストの流れ方が変わる

Chapter 10　効果・アピアランス・グラフィックスタイルを使おう

Section 80 オブジェクトをジグザグにする

キーワード
- ジグザグ効果
- アピアランスパネル
- アピアランスを分割

＜ジグザグ＞効果を使うと、オブジェクトをジグザグの直線や曲線にできます。変形後も、オブジェクトのアピアランス（見た目）を管理している＜アピアランス＞パネルに設定が残るので、簡単に編集できます。

ジグザグ効果を使ってオブジェクトをジグザグにする

1 ジグザグダイアログを表示する

オブジェクトを選択し、メニューバーの＜効果＞をクリックして❶、＜パスの変形＞→＜ジグザグ＞をクリックします❷。

2 ジグザグの設定をする

＜ジグザグ＞ダイアログボックスが表示されるので、＜プレビュー＞をクリックしてチェックを入れ❶、＜オプション＞の＜大きさ＞と＜折り返し＞に数値を入力します❷。＜ポイント＞でジグザグの種類をクリックして選択し❸、＜OK＞をクリックします❹。

Hint ポイント

＜ポイント＞では、ジグザグの種類を指定します。＜滑らかに＞を選択すると曲線に、＜直線的に＞を選択すると直線になります。

3 ジグザグになった

オブジェクトがジグザグになりました。

ジグザグの設定を変更する

1 設定を変更する

オブジェクトを選択し❶、＜アピアランス＞パネルの＜ジグザグ＞をクリックすると❷、ダイアログボックスが表示されます。＜プレビュー＞をクリックしてチェックを入れ❸、設定を変更し❹、＜OK＞をクリックします❺。

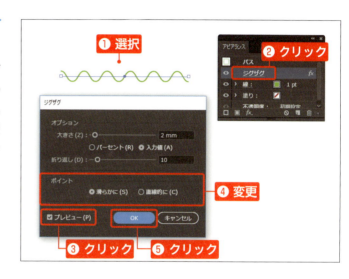

2 ジグザグを変更できた

ジグザグを滑らかな曲線に変更できました。

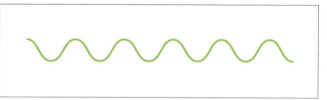

StepUp アピアランスを分割する

効果による変形は、オブジェクトの元の形状を保持したまま、見た目のみを変える機能です。＜アピアランス＞パネルに情報が残るので、編集が簡単にできます。
変形後のオブジェクトの形状を確定したい場合は、アピアランスを分割します。オブジェクトを選択し、メニューバーの＜オブジェクト＞をクリックして❶、＜アピアランスを分割＞をクリックします❷。
アピアランスを分割すると、＜アピアランス＞パネルで管理されている効果の情報は破棄され、オブジェクトは形状を確定します。パスのアンカーポイントやセグメントを編集したい際に、アピアランスを分割すると、細かな操作が可能になります。＜ジグザグ＞効果だけでなく、さまざまな効果で使用できます。

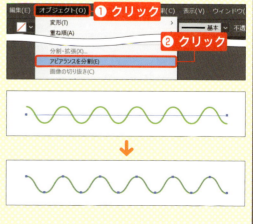

Chapter 10 効果・アピアランス・グラフィックスタイルを使おう

225

Section 81 塗りを追加して複雑な模様をつくる

キーワード
- アピアランスパネル
- 塗りを追加
- パターン

通常、オブジェクトには塗りと線を1つずつ設定できます。＜アピアランス＞パネルの＜塗りを追加＞の機能を使うと、オブジェクトの塗りを2つ以上にすることができ、組み合わせてより複雑なグラフィックを作成できます。

オブジェクトに塗りを追加する

1 塗りを追加する

オブジェクトを選択し❶、＜アピアランス＞パネルの＜新規塗りを追加＞■をクリックします❷。

2 塗りが追加された

塗りが追加されました。既存の塗りと同じ塗りが追加されて重なっているので、この時点では見た目は変わりません。

> **Hint 追加した塗り**
>
> ここでは、塗りにパターン（P.122）を適用したオブジェクトに対して、塗りを追加しています。追加した塗りは、既存の塗りと同じになります。

3 塗りの設定を変える

追加した塗りのカラーボックスの右にあるをクリックし❶、＜スウォッチ＞パネルを表示して、スウォッチをクリックして❷配色を変更します。追加した塗りは、元の塗りより上部（前面）にあるため、元の塗りは隠れます。

Hint カラーパネルを表示する

[Shift]を押しながら をクリックすると、＜カラー＞パネルが表示されます。

4 塗りの順序を変える

追加した塗りをドラッグして❶、元の塗りの下部に移動します。

5 塗りの順序が変わった

塗りの順序が変わり、オブジェクトの見た目が変わりました。追加した塗り、元の塗り、線は＜アピアランス＞パネル上で分かれているため、配色を簡単に変えることができ、バリエーションを広げることができます。

Hint 背景が透明のパターン

パターン（P.122）を作成するときに、背景を透明にしておくと、＜アピアランス＞パネルで塗りを重ね合わせて、バリエーションを広げることができます。

Section

82 線を追加する

キーワード
- アピアランスパネル
- 線を追加
- 破線

＜アピアランス＞パネルの＜線を追加＞の機能を使うと、オブジェクトの線を2つ以上にすることができます。異なる属性の線を重ねることで、線路のような複雑なグラフィックを作成できます。

オブジェクトに線を追加する

1 線を追加する

オブジェクトを選択し❶、＜アピアランス＞パネルの＜新規線を追加＞をクリックします❷。

元の線の設定	
色	黒
線幅	10pt

2 線が追加された

線が追加されました。既存の線と同じ線が追加されて重なっているので、この時点では見た目は変わりません。

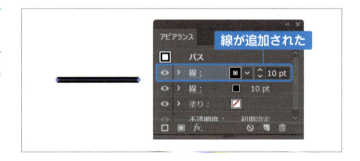

3 線の色を変える

追加した線のカラーボックスの をクリックし❶、＜スウォッチ＞パネルを表示して、スウォッチをクリックして❷色を変更します。追加した線は、元の線より上部（前面）にあるため、元の線は隠れます。

4 線の設定を変える

追加した線の＜線＞をクリックし❶、＜線＞パネルを表示して、線の設定を変更します❷。

追加した線（上の線）の設定	
色	白
線幅	8pt
破線	チェックを入れる
線分	12pt

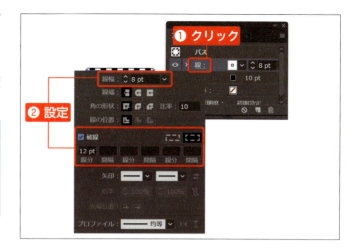

5 線の見た目が変わった

上の線の設定を変えたことで、オブジェクトの見た目が変わりました。

Hint 線の重ね方のコツ

複数の線を重ねる場合、上の線と下の線に違いを出します。ここでは、以下の設定をして違いを出しました。
・色を変える
・下の線より線幅を小さくし、破線にする
こうすることで、線幅の差分と破線の間隔が見えるため、線路のようなグラフィックになります。

StepUp アピアランスパネルで特定の項目を選択する

＜アピアランス＞パネルでは、各項目をクリックして特定の線や塗りを選択することができます。この状態で効果を適用すると、選択した項目だけに効果が適用されます。
例えば、P.218の＜パンク・膨張＞効果を、＜アピアランス＞パネルで事前に選択した線に適用すると、選択した線に対してだけ効果が適用されるため、塗りは元のオブジェクトの形状のままになります。項目の左横にある ▶ をクリックすると❶、項目ごとに設定された効果を確認できます。
オブジェクト全体に効果を適用したい場合は、＜アピアランス＞パネルで特定の項目が選択されていないことを確認しましょう。項目の選択を解除するには、＜アピアランス＞パネルの下部のグレーの領域をクリックします❷。

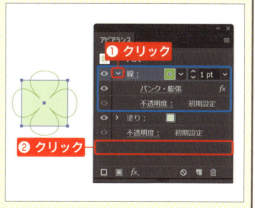

Chapter 10 効果・アピアランス・グラフィックスタイルを使おう

Section 83 作成したアピアランスを登録して活用する

キーワード
- グラフィックスタイル
- アピアランス
- 効果

効果を使ったり、塗りや線を追加して作成した複雑なアピアランスは、＜グラフィックスタイル＞パネルに登録できます。登録したグラフィックスタイルは、別のオブジェクトを選択してクリックするだけで簡単に適用できます。

アピアランスをグラフィックスタイルパネルに登録する

1 グラフィックスタイルパネルを表示する

メニューバーの＜ウィンドウ＞をクリックし❶、＜グラフィックスタイル＞をクリックします❷。

2 パネルが表示された

＜グラフィックスタイル＞パネルが表示されました。アピアランスを設定したオブジェクトを選択し❶、[Alt]([option])を押しながら、＜新規グラフィックスタイル＞ を クリックします❷。

3 グラフィックスタイルを作成する

＜グラフィックスタイルオプション＞ダイアログボックスが表示されます。＜スタイル名＞に名前を入力し❶、＜OK＞をクリックします❷。

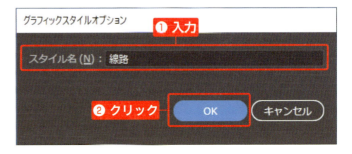

4 グラフィックスタイルが登録された

グラフィックスタイルがパネルに登録されました。グラフィックスタイルの元となったオブジェクトは、＜アピアランス＞パネルに表示される名称が、グラフィックスタイル名に変わります。

別のオブジェクトにグラフィックスタイルを適用する

1 グラフィックスタイルを適用する

オブジェクトを選択し❶、適用したいグラフィックスタイルをクリックすると❷、オブジェクトにグラフィックスタイルが適用されます。

Hint グラフィックスタイルの保存先

作成したグラフィックスタイルは、作成したドキュメントに保存されます。ほかのドキュメントのグラフィックスタイルを含むオブジェクトをコピーすると、ペースト先のドキュメントにグラフィックスタイルが自動追加されます。

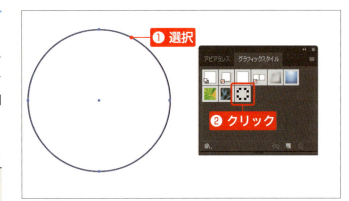

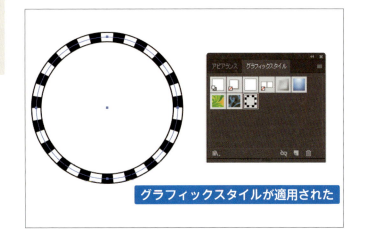

StepUp ライブラリの活用

＜グラフィックスタイル＞パネルの＜グラフィックスタイルライブラリメニュー＞をクリックし、テーマをクリックすると、該当するグラフィックスタイルを含むパネルが表示されます。
また、＜その他のライブラリ＞をクリックすると、＜ライブラリを選択＞ダイアログが表示されるので、任意のドキュメントを選択すると、選択したドキュメントにあるグラフィックスタイルを含むパネルが表示されます。

231

Section 84 アピアランスを抽出・適用する

キーワード
- スポイトツール
- スポイトの抽出と適用
- アピアランス

＜スポイト＞ツールを使うと、オブジェクトからアピアランスを抽出し、別のオブジェクトに適用することができます。＜グラフィックスタイル＞パネルに登録するほどアピアランスの使用頻度が多くない場合に、手軽で便利です。

スポイトツールの設定をする

1 スポイトツールを選択する

ツールパネルの＜スポイト＞ツールをダブルクリックします❶。

2 ツールの設定をする

＜スポイトツールオプション＞ダイアログボックスが表示されます。＜スポイトの抽出＞と＜スポイトの適用＞の両方の＜アピアランス＞をクリックしてチェックを入れ❶、＜OK＞をクリックします❷。

Hint スポイトの抽出と適用

＜スポイトの抽出＞では、アピアランスの適用元の設定（何を抽出するか）、＜スポイトの適用＞では、アピアランスの適用先の設定（何を適用するか）を行います。
＜アピアランス＞には詳細な設定があり、対象の属性をより細かく設定できます。例えば、より複雑なアピアランスを抽出・適用したり、複数のテキストボックスに、抽出した書式を適用して統一するといったこともできます。

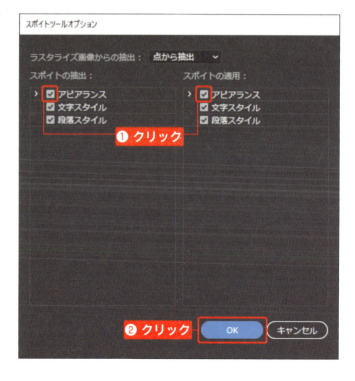

別のオブジェクトにアピアランスを適用する

1 適用先のオブジェクトを選択する

アピアランスの適用先のオブジェクトをクリックして選択します❶。

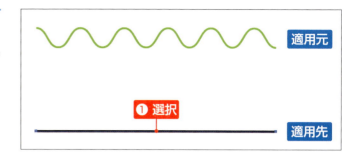

2 適用元のオブジェクトをクリックする

<スポイト>ツールを選択し、アピアランスの適用元のオブジェクトをクリックします❶。

3 アピアランスを適用できた

手順1で選択したオブジェクトにアピアランスを適用できました。

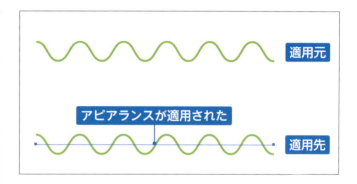

Hint スポイトツールの適用モード

<スポイト>ツールを選択しているときに Alt (option) キーをクリックすると、適用モードになり、選択中のオブジェクトが適用元となり、クリックしたオブジェクトへアピアランスを適用します。

StepUp 画像の色を抽出する

<スポイト>ツールを使って、画像から色を抽出することもできます。適用先のオブジェクトを選択し、Shift キーを押しながら、適用元の画像の上をクリックします。これで、クリックした箇所の色だけを抽出することができます。
右図は、画像の花の色を抽出して、文字に適用した例です。配色で迷ったら、画像の中の色を使うと、色数が増えず、まとまりのあるデザインになります。

StepUp 袋文字の作成

縁取りをした文字を袋文字といいます。テキストオブジェクトに線の設定をして縁取ると、線幅が太くなると文字がつぶれてしまいます。アピアランスの機能を使えば、このような問題を解消できるほか、文字修正にも柔軟に対応できます。

1 テキストオブジェクトを選択し、＜アピアランス＞パネルの＜新規線を追加＞をクリックします（P.228）。

2 追加した線を塗りの下にドラッグします。線を塗りより下にすることで、線幅を太くしてもつぶれなくなります。

3 線と塗りの設定をします。さらに線を追加し、下の線幅を上の線幅より太くすると、二重の袋文字になります。

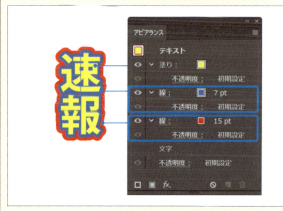

アピアランス機能を使わない場合、線幅が太くなると文字がつぶれる

線幅1pt　　　線幅5pt

＜線＞パネルで角の形状をラウンド結合にすると、袋文字に丸みが出る

文字を修正しても、アピアランスは引き継がれるため、修正が簡単

Chapter 11

シンボル・ブレンド・ブラシを使おう

ここでは、シンボル・ブレンド・ブラシについて確認しましょう。これまでの学習で作成できるグラフィックを元にしてこれらの機能を使うと、より複雑なグラフィックを作成でき、完成度がアップします。

Section 85 シンボルとインスタンス

キーワード
- シンボルパネル
- シンボル
- インスタンス

シンボルとは、繰り返し使用することができる特殊なオブジェクトです。＜シンボル＞パネルに登録したシンボルと、配置したインスタンスはリンクされています。修正作業を効率化し、データを軽くすることができます。

シンボル・インスタンスとは

繰り返し使用するオブジェクトは、**シンボル**として登録すると便利です。簡単にリンクとして配置できるので作業効率が上がり、ファイルサイズを削減することができます。
＜シンボル＞パネルに登録したシンボルは、パネルの外にドラッグ＆ドロップすると、インスタンスとして配置されます。**インスタンス**とは、シンボルのコピー、分身のようなもので、シンボルとリンクしています。また、インスタンスの集まりを**シンボルセット**といいます。シンボルを更新すると、リンクしているインスタンスがすべて更新されるため、作業時間も短縮されます。
また、＜シンボル＞ツールを使うと、配置したインスタンスを後から編集することもできます（P.240）。

シンボルとインスタンス

シンボルとインスタンスはリンクしている

＜シンボル＞ツール（シンボルを編集するツール群の総称）を組み合わせて作ったグラフィック

シンボルを登録する

1 シンボルパネルを表示する

シンボルとして登録するオブジェクトを作成します。メニューバーの＜ウィンドウ＞をクリックし①、＜シンボル＞をクリックします②。

2 シンボルパネルが表示された

＜シンボル＞パネルが表示されました。オブジェクトを選択し①、＜シンボル＞パネルにドラッグ＆ドロップします②。

3 シンボル名を付ける

＜シンボルオプション＞ダイアログボックスが表示されるので、＜名前＞にシンボル名を入力し①、＜OK＞をクリックします②。

Hint シンボルオプション

＜シンボルオプション＞ダイアログボックスには、さまざまな設定がありますが、ここでは基本的な使い方として、シンボル名の設定のみでかまいません。

4 シンボルが登録された

シンボルを登録できました。登録と同時にオブジェクトは　がついたインスタンスになり、シンボルとリンクします。パネルの外にシンボルをドラッグ＆ドロップすると①、インスタンスを追加できます。

Chapter 11 シンボル・ブレンド・ブラシを使おう

Section

86 シンボルを編集する

キーワード
- シンボルパネル
- シンボルの編集
- シンボルを置換

＜シンボル＞パネルに登録したシンボルと配置したインスタンスは、リンクされています。シンボルを編集して更新すると、インスタンスもまとめて更新されるため、作業時間を短縮できます。シンボルの置き換えも簡単です。

シンボルを変形して更新する

1 シンボルを編集モードにする

＜シンボル＞パネルのシンボルをダブルクリックし❶、編集モードにします。

2 オブジェクトを編集する

編集モードになると、ドキュメントタブの下部にシンボル名が表示され、シンボルの元となったオブジェクトが表示されます。オブジェクトを編集（ここではアピアランスの＜パンク・膨張＞を「-120%」に変更）し❶、何もない箇所をダブルクリックして❷、編集モードを解除します。

3 シンボルが更新された

シンボルを編集して更新できました。シンボルを更新すると同時に、リンクされたインスタンスもすべて更新されます。

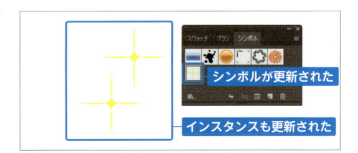

シンボルを別のシンボルに置き換える

1 置き換え用のシンボルを登録する

新規オブジェクトを作成し❶、シンボルとして登録します❷。

2 シンボルを置き換える

別のシンボルに置き換えたいインスタンスを選択し❶、手順1で作成したシンボルをクリックします❷。■をクリックして❸パネルメニューを表示し、＜シンボルを置換＞をクリックします❹。

3 シンボルが置き換わった

シンボルが置き換わり、インスタンスが変わりました。

StepUp シンボルへのリンクを解除する

シンボルとインスタンスはリンクされているため、シンボルを編集したり置き換えると、インスタンスも更新されます。インスタンスを独立したオブジェクトとして使いたいときは、インスタンスとシンボルのリンクを解除しましょう。リンクを解除するには、インスタンスを選択し❶、＜シンボルへのリンクを解除＞ をクリックします❷。リンクを解除すると、インスタンスは個別のオブジェクトになります。

Section 87

インスタンスのサイズや位置を変更する

キーワード
- シンボルツール
- インスタンスの編集
- シンボルセット

＜シンボル＞ツールを使うと、インスタンスのサイズや位置などを変更できます。＜シンボル＞ツールとは、インスタンスを追加したり、拡大／縮小、回転などの編集ができるツールの総称です。

シンボルツールの設定をする

1 シンボルツールをダブルクリックする

ツールパネルの＜シンボル＞ツールをダブルクリックします❶。

Memo 8つのシンボルツール

ツールパネルの＜シンボルスプレー＞ツールを長押しすると、8つのツールがあることがわかります。これらを総称して＜シンボル＞ツールといいます。
このセクションでは、シンボルセットやインスタンスを編集する際に、これらのツールを切り替えて作業をします。
ツールの役割は以下の通りです。

❶	シンボルスプレー	複数のシンボルのインスタンスを、シンボルセットとして配置します
❷	シンボルシフト	シンボルのインスタンスを移動したり、重なり順を変更します
❸	シンボルスクランチ	シンボルのインスタンスを集中または拡散するように移動します
❹	シンボルリサイズ	シンボルのインスタンスのサイズを変更します
❺	シンボルスピン	シンボルのインスタンスを回転します
❻	シンボルステイン	シンボルのインスタンスに色を付けます
❼	シンボルスクリーン	シンボルのインスタンスに透明を適用します
❽	シンボルスタイル	シンボルのインスタンスにグラフィックスタイルを適用します

2 ツールの設定をする

<シンボルツールオプション>ダイアログボックスが表示されるので、<直径>にツールサイズを入力し❶、<OK>をクリックします❷。なお、ここで設定した内容は8つのツールすべてに適用されます。

Hint ツールサイズの調整

<シンボルツールオプション>ダイアログボックスの<直径>で数値指定する以外に、ショートカットを使って、簡単にツールサイズを調整できます。[を押すと小さく、] を押すと大きくなります。

インスタンスを編集して位置やサイズ、色を調整する

1 シンボルセットを配置する

<シンボル>パネルでシンボルを選択し❶、<シンボルスプレー>ツールをクリックします❷。アートボード上でマウスポインターをドラッグすると❸、インスタンスの集まりであるシンボルセットを配置できます。クリックすると、1つのインスタンスを配置できます。

2 インスタンスを移動する

<シンボルシフト>ツールに切り替え❶、インスタンスの上をドラッグすると❷、インスタンスを移動できます。

Hint 重なり順を変える

<シンボルシフト>ツールで、重なったインスタンスの上をクリックすると、重なり順を変えることができます。

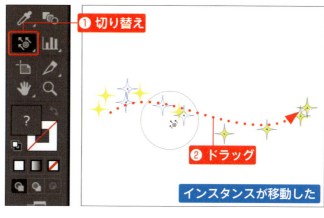

3 インスタンスを集中させる、離す

＜シンボルスクランチ＞ツールに切り替え❶、インスタンスを長押しすると❷、シンボルセット内でインスタンス同士が集中します。逆に、[Alt]（[option]）を押しながら長押しすると、インスタンス同士が離れます。

4 インスタンスのサイズを調整する

＜シンボルリサイズ＞ツールに切り替え❶、インスタンスをクリックすると❷、サイズが大きくなります。逆に、[Alt]（[option]）を押しながらクリックすると、小さくなります。

5 インスタンスを回転する

＜シンボルスピン＞ツールに切り替え❶、インスタンスをドラッグすると❷、インスタンスがドラッグした方向へ回転します。

6 インスタンスの色を変える

塗りにカラーを設定します❶。＜シンボルステイン＞ツールに切り替え❷、インスタンスをクリックすると❸、インスタンスを塗りのカラーに変更できます。クリックするごとに、色が濃くなります。逆に、[Alt]（[option]）を押しながらクリックすると、色が薄くなります。

7 透明感を出す

＜シンボルスクリーン＞ツールに切り替え❶、インスタンスをクリックすると❷、透明感が出ます。逆に、[Alt]（[option]）を押しながらクリックすると、透明の度合を減らすことができます。

8 グラフィックスタイルを適用する

＜グラフィックスタイル＞パネルでグラフィックスタイルを選択します❶。＜シンボルスタイル＞ツールに切り替え❷、インスタンスをクリックすると❸、グラフィックスタイルを適用できます。逆に、[Alt]（[option]）を押しながらクリックすると、グラフィックスタイルの適用の度合が減ります。

9 シンボルセットを仕上げる

＜シンボル＞ツールを使い分け、インスタンスを編集して仕上げます。

StepUp シンボルを置き換えてみよう

シンボルセットのように、複数のインスタンスの集合のような複雑なグラフィックでシンボルを置き換えると、瞬時に更新されるので、より時間短縮を実感できるでしょう。

Section

88 ブレンドを作成する

キーワード
- ブレンドツール
- ブレンドオプション
- ブレンド軸

ブレンドの機能を使うと、離れて配置されている複数のオブジェクトの中間の形とカラーを作成できます。徐々に変化する形やグラデーションなどを簡単に作成でき、作成後のブレンドオブジェクトは、設定を変えることができます。

ブレンドとは

ブレンドとは、複数のオブジェクトの中間の形とカラーを作成して、均等に分布させることです。ブレンドしたオブジェクトは、**ブレンドオブジェクト**という特殊なオブジェクトとなり、元となる複数のオブジェクトは**ブレンド軸**でつながった1つのオブジェクトとして扱われます。
ブレンドの作成後も、ブレンドオブジェクトの設定を変えたり（P.246）、ブレンド軸を置き換えて（P.248）、より複雑なグラフィックを作成することができます。
ブレンドを作成するには**＜ブレンド＞ツール**を使います。ほかにも**＜ブレンド＞コマンド**には、さまざまな編集機能があります。

ブレンドオブジェクトは、複数のオブジェクトを中間の形やカラーでつないだ特殊なオブジェクト

徐々に色が変化する同じ形が均等に並ぶ

形や大きさも均等に変わる

ブレンドオブジェクトは、ブレンドの設定を変えたり、軸を別の形に置き換えることができます

間の数を変える

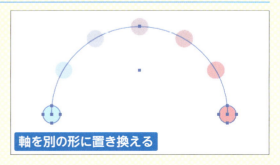

軸を別の形に置き換える

Chapter 11 シンボル・ブレンド・ブラシを使おう

244

ブレンドツールでブレンドを作成する

1 ブレンドを設定する

＜ブレンド＞ツールをダブルクリックし❶、＜ブレンドオプション＞ダイアログボックスを表示します。＜間隔＞の▼をクリックして❷、ブレンド方法を選択します❸。＜ステップ数＞を選択した場合は、中間の数を入力し❹、＜OK＞をクリックします❺。

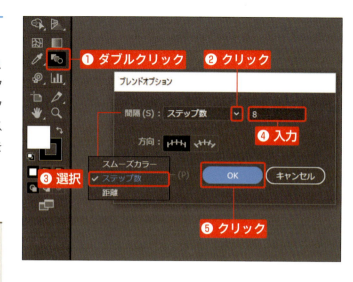

Hint 間隔

＜間隔＞では、複数のオブジェクト間のブレンド方法を指定します。＜スムーズカラー＞を選択すると、グラデーションを作成でき、＜距離＞を選択すると、間隔を数値指定できます。

2 ブレンドを作成する

＜ブレンド＞ツールで、複数のオブジェクトの上を順番にクリックします❶❷。

3 ブレンドオブジェクトができた

クリックした複数のオブジェクト間が、中間の形とカラーを使って、指定したステップ数でつながります。元のオブジェクトは、ブレンド軸で結ばれます。アウトラインモード (P.48) にすると、実際には中間にオブジェクトがないことがわかります。

Section 89 ブレンドの色や軸の向きを変更する

キーワード
- ブレンドツール
- ブレンドオプション
- ブレンド軸

ブレンドオブジェクトは、作成後に、元のオブジェクトのカラーを変えたり、ブレンド軸を動かして見た目を変えることができます。また、＜ブレンドオプション＞ダイアログボックスで変更して設定を変えることもできます。

ブレンドオブジェクトを編集する

1 元のオブジェクトを選択する

ツールパネルから＜ダイレクト選択＞ツールを選択し❶、元のオブジェクトをクリックして❷、選択します。

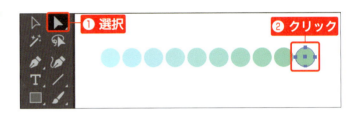

2 色を変更する

オブジェクトの色を変更すると❶、ブレンドオブジェクトの中間の色も変わります。

3 ブレンド軸の端点を選択する

いったん選択を解除し、＜ダイレクト選択＞ツールでブレンド軸の端点（オブジェクトの中心）をクリックして選択します❶。

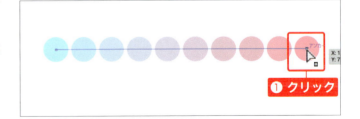

4 ブレンド軸を動かす

ブレンド軸の端点をドラッグすると❶、ブレンド軸が動き、長さや角度を調整できます。ブレンド軸の変化に応じて、ブレンドオブジェクトの見た目が変わります。

ブレンドオプションの設定を変更する

1 ブレンドオプションを表示する

ブレンドオブジェクトを選択します❶。
＜ブレンド＞ツールをダブルクリックし❷、
＜ブレンドオプション＞ダイアログボックスを表示します。＜プレビュー＞をクリックしてチェックを入れ❸、＜ステップ数＞の数を変更して❹プレビューし、＜OK＞をクリックします❺。

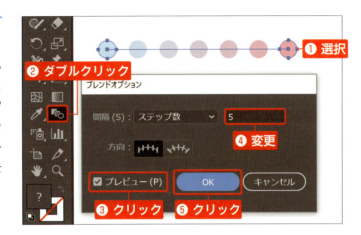

2 見た目が変わった

ブレンドオプションの設定変更に伴い、ブレンドオブジェクトの見た目が変わりました。

StepUp ブレンドの解除と拡張

ブレンドを解除する（ブレンドを作成する前の状態に戻す）には、メニューバーの＜オブジェクト＞をクリックし❶、＜ブレンド＞→＜解除＞をクリックします❷。ブレンドオブジェクトを解除してもブレンド軸は残るので、不要であれば削除しましょう。

また、ブレンドを拡張する（パスに変換する）には、メニューバーの＜オブジェクト＞をクリックし❶、＜ブレンド＞→＜拡張＞をクリックします❸。ブレンドオブジェクトを拡張すると、グループ化されたパスに変換され、ブレンドオブジェクトではなくなります。ブレンドオプションの変更ができなくなるので注意しましょう。

Chapter 11 シンボル・ブレンド・ブラシを使おう

Section 90 ブレンド軸を別のパスに置き換える

キーワード
- ブレンド軸
- ブレンド軸を置き換え
- ブレンド軸を反転

ブレンドオブジェクトは、ブレンド軸で複数のオブジェクトをつないで構成されています。ほかの形のパスを作成し、既存のブレンド軸と置き換えることで、ブレンドオブジェクトの形を変えることができます。

ブレンド軸を置き換える

1 置き換え用のパスを描画する

置き換え用のパスを描画します。ここでは、半円形のパスをブレンド軸に置き換えます。

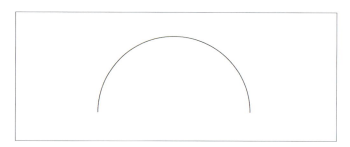

2 ブレンド軸を置き換える

ブレンドオブジェクトと置き換え用のパスの両方を選択して❶、メニューバーの＜オブジェクト＞をクリックし❷、＜ブレンド＞→＜ブレンド軸を置き換え＞をクリックします❸。

Hint 元を残しておく

ブレンドオブジェクトのブレンド軸を置き換えた後は、元のブレンド軸に戻せないので、元のブレンドオブジェクトをコピーして残しておきましょう。

3 ブレンド軸が置き換わった

ブレンド軸が置き換わり、ブレンドオブジェクトが半円形に変わりました。

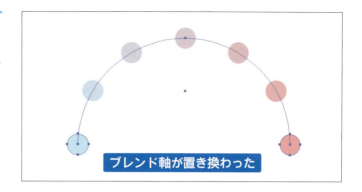

ブレンド軸を反転する

1 ブレンド軸を反転する

ブレンドオブジェクトを選択して❶、メニューバーの＜オブジェクト＞をクリックし❷、＜ブレンド＞→＜ブレンド軸を反転＞をクリックします❸。

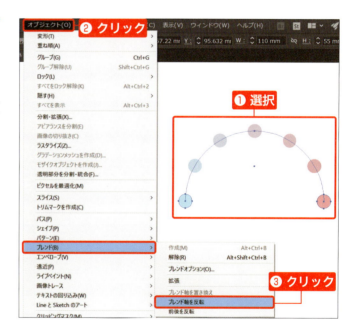

2 色の変化が反転した

ブレンドオブジェクトの色の変化の方向が反転しました。

Hint ブレンドオブジェクトの前後を反転する

メニューバーの＜オブジェクト＞→＜ブレンド＞→＜前後を反転＞をクリックすると、重なりの前後を反転することができます。

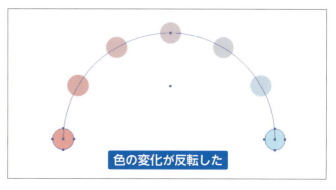

Chapter 11　シンボル・ブレンド・ブラシを使おう

Section

91 ブラシを活用する

キーワード
- ブラシツール
- ブラシパネル
- ブラシライブラリ

ブラシとは、描画で使用されるタッチやグラフィックです。描画したオブジェクトの線に適用できます。ブラシは、線の色や線幅などの線の設定で調整できます。オリジナルでグラフィカルな線や額縁を作成することもできます。

ブラシの種類

Illustratorで利用できるブラシには、**カリグラフィブラシ**（P.252）、**散布ブラシ**（P.254）、**アートブラシ**（P.256）、**パターンブラシ**（P.258）、**絵筆ブラシ**の5種類があります。また、オリジナルブラシを作成できるほか、**＜ブラシライブラリ＞**から呼び出して活用できます。

5種類のブラシは描画系ツールで描画したオブジェクトの線に適用できる

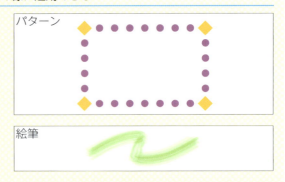

オリジナルブラシを作成したり、＜ブラシライブラリ＞からブラシを呼び出して活用できる

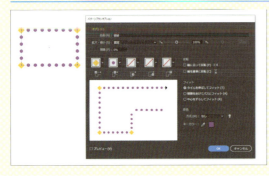

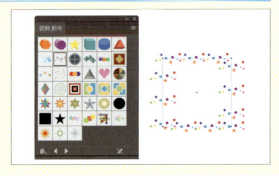

ブラシライブラリのブラシを活用する

1 テーマを選択する

＜ブラシ＞パネルの＜ブラシライブラリメニュー＞ をクリックし❶、読み込みたいテーマを選択します❷。

Hint ブラシパネルの表示

＜ブラシ＞パネルが表示されていない場合は、＜ウィンドウ＞メニューから選択して表示します。

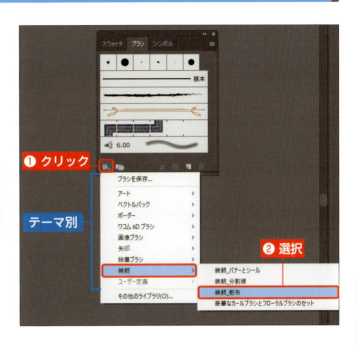

2 ブラシを登録する

読み込んだテーマのブラシのパネルが表示されます。ブラシをクリックします❶。

3 ブラシが登録された

ブラシが＜ブラシ＞パネルに登録されました。

Hint ブラシをほかのドキュメントで使う

新規で作成したブラシは、そのドキュメントに保存されます。ほかのドキュメントのブラシを使用したい場合、＜その他のライブラリ＞を選択し、該当するドキュメントを選択して読み込みます。

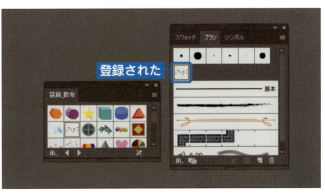

Section 92 カリグラフィブラシを作成する

キーワード
- カリグラフィブラシ
- ブラシパネル
- ブラシツール

カリグラフィブラシは、マーカーのようなタッチのブラシです。＜ブラシオプション＞ダイアログで、ブラシの形状を設定すると、オリジナルのカリグラフィブラシを作成できます。マーカーで手描きしたようなグラフィックで活用できます。

オリジナルのマーカーを作成する

1 新規ブラシを作成する

＜ブラシ＞パネルの＜新規ブラシ＞ をクリックし❶、＜新規ブラシ＞ダイアログを表示します。＜新規ブラシの種類を選択＞から＜カリグラフィブラシ＞をクリックし❷、＜OK＞をクリックします❸。

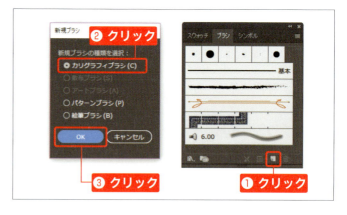

2 角度を設定する

＜名前＞にブラシ名を入力します❶。＜角度＞に数値を入力し❷、 をクリックして❸＜ランダム＞を選択し❹、＜変位＞に数値を入力します❺。これにより、ブラシの角度の変化に幅（＋－角度の値）を持たせることができます。

Hint ブラシの角度とは

＜角度＞とは、ブラシの傾きです。例えば、角度120°で変位5°の場合、115°～125°の間で角度が変動します。

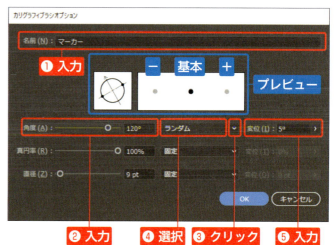

3 真円率を設定する

＜真円率＞に数値を入力し❶、▼をクリックして❷、＜ランダム＞を選択し❸、＜変位＞に数値を入力します❹。これにより、ブラシの丸みの変化に幅（＋－真円率の値）を持たせることができます。

Hint ブラシの真円率とは

＜真円率＞とは、ブラシの丸みで、100%で正円になります。また、＜ランダム＞と＜変位＞を組み合わせると、ブラシの丸みに変化を付けることができます。例えば、真円率30％で変位5％の場合、25％〜35％の間で丸みが変動し、先が斜めのマーカーのようになります。

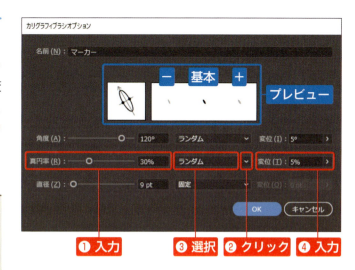

4 直径を設定する

＜直径＞に数値を入力し❶、▼をクリックして❷、＜ランダム＞を選択し❸、＜変位＞に数値を入力します❹。これにより、ブラシの太さの変化に幅（＋－直径の値）を持たせることができます。＜OK＞をクリックします❺。

Hint ブラシの直径とは

＜直径＞とは、ブラシの太さです。例えば、直径が10ptで変位5ptの場合、太さが5pt〜15ptの間で変動し、タッチに強弱が付きます。

5 ブラシが登録された

＜ブラシ＞パネルにブラシが登録されました。＜ブラシ＞ツールを選択し❶、線の色を設定して❷、マウスポインターをドラッグして描画します❸。

Section 93 散布ブラシを作成する

キーワード
- 散布ブラシ
- ブラシパネル
- ブラシツール

散布ブラシは、オブジェクトを散りばめたようなタッチのブラシです。事前に元となるオブジェクトを作成し、＜ブラシオプション＞ダイアログボックスで散布の設定をします。手軽に華やかで動きのあるグラフィックを作成できます。

散布ブラシを作成する

1 新規ブラシを作成する

ブラシの元となるオブジェクトを作成し❶、＜ブラシ＞パネルにドラッグ＆ドロップし❷、＜新規ブラシ＞ダイアログボックスを表示します。＜新規ブラシの種類を選択＞から＜散布ブラシ＞を選択し❸、＜OK＞をクリックします❹。

Hint 元のオブジェクトは黒でつくる

散布ブラシの元となるオブジェクトは、塗りや線を黒（K100％）で作成して登録すると、あとでブラシの色を簡単に変更できます。グラデーションやパターンを含むオブジェクトは登録できません。

2 サイズを設定する

＜名前＞にブラシ名を入力します❶。＜オプション＞の＜サイズ＞の▼をクリックして❷、＜ランダム＞を選択し❸、2つの数値ボックスにオブジェクトの最大／最小サイズ（％）を入力して❹、散布オブジェクトの大きさに幅を持たせます。

3 間隔・散布・回転を設定する

同様に<間隔><散布><回転>すべての
■をクリックして❶<ランダム>を選択し
❷、2つの数値ボックスに最大/最小値を
入力します❸。また、<回転の基準>を選
択します❹。ここでの設定は、以下の通り
です。

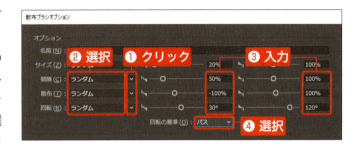

<間隔>の数値	50%／100%	<回転>の数値	30°／120°
<散布>の数値	-100%／100%	回転の基準	パス

4 彩色方式を選択する

<彩色>セクションの<方式>の■をク
リックして❶、<淡彩>を選択し❷、ブラ
シの色が設定した線の色になるよう指定し
て、<OK>をクリックします❺。

5 ブラシが登録された

<ブラシ>パネルにブラシを登録されまし
た。<ブラシ>ツールを選択し❶、線にカ
ラーを設定して❷、ドラッグして❸描画し
ます。ドラッグした軌跡に応じて、ブラ
シの元となったオブジェクトが散布します。
ここでは、パスを基準に、上(+の値)下(-
の値)にオブジェクトが散布します。

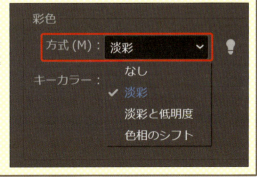

StepUp 彩色方式

<散布ブラシオプション>ダイアログの<彩色>では、ブラ
シの色の付け方を設定できます。本セクションのように、ブ
ラシの元となるオブジェクトを黒で作成し、<方式>で<淡
彩>を選択すると、線に設定した色が使用されるため、色違
いを簡単に作成できます。
その他の設定は、以下の通りで、<アートブラシオプション>
ダイアログの彩色方式(P.257)も同様です。
- なし…登録したオブジェクトの色が使用されます
- 淡彩と低明度…線に設定した色と陰影が使用されます
- 色相のシフト…キーカラー(最も目立つ色)を使用します

Section 94 アートブラシを作成する

キーワード
- アートブラシ
- ブラシパネル
- ブラシツール

アートブラシは、元となるオブジェクトが伸縮して構成されるブラシです。事前に元となるオブジェクトを作成し、＜ブラシオプション＞ダイアログボックスで設定します。同じ要素を繰り返すテープなどのグラフィックを作成できます。

アートブラシを作成する

1 新規ブラシを作成する

ブラシの元となるオブジェクトを作成し❶、＜ブラシ＞パネルにドラッグ＆ドロップし❷、＜新規ブラシ＞ダイアログボックスを表示します。＜新規ブラシの種類を選択＞から＜アートブラシ＞を選択し❸、＜OK＞をクリックします❹。

Hint 元のオブジェクトは黒でつくる

アートブラシの元となるオブジェクトは、塗りや線を黒（K100%）で作成して登録すると、あとでブラシの色を簡単に変更できます。グラデーションやパターンを含むオブジェクトは登録できません。

2 幅や伸縮の設定をする

＜名前＞にブラシ名を入力します❶。＜幅＞の▼をクリックして❷、＜固定＞を選択し❸、＜ブラシ伸縮オプション＞で＜ストロークの長さに合わせて伸縮＞を選択します❹。

3 彩色方式を選択する

＜彩色＞の＜方式＞の⌄をクリックして❶、＜淡彩＞を選択し❷、ブラシの色が設定した線の色になるよう指定して、＜OK＞をクリックします❸。

Hint 彩色方式「淡彩」

散布ブラシ（P.254）と同様、彩色方式を＜淡彩＞にすると、ブラシの色は、元のオブジェクトの黒の濃淡に応じて、線の色が使用されます。＜なし＞にすると、元のオブジェクトの色になります。

4 ブラシが登録された

＜ブラシ＞パネルにブラシを登録されました。＜ブラシ＞ツールを選択し❶、線にカラーを設定して❷、ドラッグして❸描画します。ドラッグした軌跡に応じて、ブラシの元となったオブジェクトが伸縮します。

StepUp ブラシの設定を変更する

ブラシの設定は、ブラシを登録後も変更できます。
ブラシを適用したオブジェクトを選択して❶、＜ブラシ＞パネルに登録したブラシをダブルクリックし❷、＜ブラシオプション＞ダイアログを表示します。＜プレビュー＞をクリックしてチェックを入れて❸、設定を変更すると、選択したオブジェクトのブラシの適用結果をプレビューしながら変更できます。この方法は5種類のブラシに共通して使用できます。
なお、絵筆ブラシ（CS5以降）に関しては、割愛しています。

Section 95 パターンブラシを作成する

キーワード
- パターンブラシ
- スウォッチパネル
- ブラシパネル

パターンブラシは、＜スウォッチ＞パネルに登録したパターンスウォッチ（P.122）を素材として使うことができるブラシです。オブジェクトを作成し、＜スウォッチ＞パネルに登録後、＜ブラシオプション＞ダイアログでブラシの設定をします。

パターンブラシを作成する

1 パターンスウォッチを作成する

ブラシの元となるオブジェクトを作成し❶、＜スウォッチ＞パネルにドラッグ＆ドロップし❷、パターンを登録します（P.122）。

Hint 元となるオブジェクト

パターンブラシの元となるオブジェクトを複数作成して、＜スウォッチ＞パネルに登録すると、＜ブラシオプション＞ダイアログの設定で、コーナーとサイドに異なるパターンを設定できます（次ページ参照）。

2 新規ブラシを作成する

＜ブラシ＞パネルの＜新規ブラシ＞をクリックし❶、＜新規ブラシ＞ダイアログボックスを表示します。＜新規ブラシの種類を選択＞から＜パターンブラシ＞を選択し❷、＜OK＞をクリックします❸。

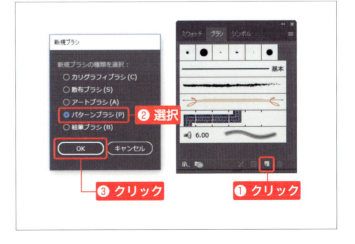

3 ブラシ名を付ける

＜名前＞にブラシ名を入力します❶。

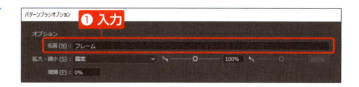

4 外角タイルの設定をする

＜外角タイル＞の ▼ をクリックすると❶、＜スウォッチ＞パネルのパターンスウォッチが表示されます。手順❶で登録したパターンスウォッチを選択して❷、指定します。

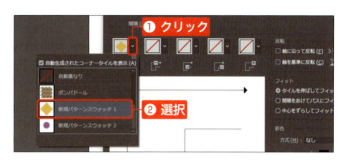

5 サイドタイルの設定をする

手順❹と同様に、＜サイドタイル＞の ▼ をクリックし❶、＜スウォッチ＞パネルから手順❶で登録したパターンスウォッチを選択して❷、指定します。

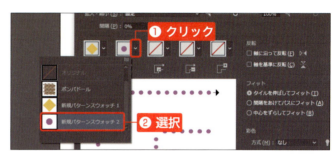

6 彩色方式を選択する

ブラシの元となるパターンスウォッチの色を活かすため、＜彩色＞の＜方式＞の ▼ をクリックして❶、＜なし＞を選択し❷、＜OK＞をクリックします❸。

Hint 彩色方式「なし」

彩色方式を＜なし＞にすると、ブラシの色は元のオブジェクトの色になります。

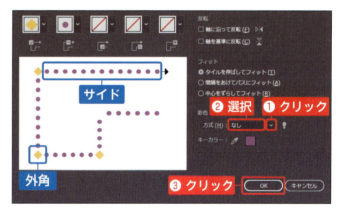

7 ブラシが登録された

＜ブラシ＞パネルにブラシが登録されました。長方形などのオブジェクトを選択し❶、登録したブラシをクリックして❷適用すると、フレーム（額縁）ができます。

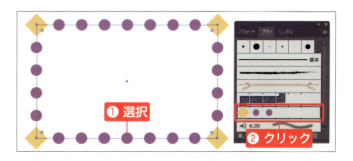

StepUp さまざまなオブジェクトにブラシを適用する

ブラシは、＜ブラシ＞ツールで描画したパス以外に、長方形や楕円形、テキストをアウトライン化（P.214）したオブジェクトにも適用することができます。長方形や楕円形などのクローズパスに適用すると、フレーム（額縁）のようになり、デザインの装飾パーツとして活用できます。いずれも、オブジェクトの線に適用されるので、色を変更したい場合は、線の色を設定し、線の太さは、線幅で設定します。

スターにカリグラフィブラシを適用

アウトライン化したテキストに
カリグラフィブラシを適用

長方形に散布ブラシを適用

楕円形に散布ブラシを適用

長方形にパターンブラシを適用

楕円形にパターンブラシを適用

楕円形にはコーナーがないため、
コーナータイルの設定の影響がありません

スパイラルにアートブラシを適用

線幅1pt　　　　　　線幅0.5pt

Chapter 12

表とグラフを作ってみよう

ここでは、資料などで活用できる表や
グラフの作成方法について確認しま
しょう。描画したグラフィックを元にし
て、Illustratorならではのグラフィカル
なグラフを作成することもできます。

Section

96 表を作成する

使用機能
- 長方形グリッドツール
- ライブペイントツール
- グループ選択ツール

＜長方形グリッド＞ツールを使うと、表を作成することができます。作成後の表は、直線と長方形でできています。＜ライブペイント＞ツールで個々のセルをペイントし、＜グループ選択＞ツールで線を動かして調整します。

長方形グリッドツールで表を作成する

1 長方形グリッドツールを選択する

ツールパネルから＜直線＞ツールを長押しし❶、＜長方形グリッド＞ツールをクリックします❷。

2 表の設定をする

画面上をクリックし、＜長方形グリッドツールオプション＞ダイアログを表示します。＜サイズ＞の＜幅＞＜高さ＞に数値を入力し❶、表全体のサイズを指定します。＜水平方向の分割＞の＜線数＞で行を分割する線の数を入力し❷、＜垂直方向方向の分割＞の＜線数＞で列を分割する線の数を入力します❸。＜外枠に長方形を使用＞をクリックしてチェックを入れ❹、＜OK＞をクリックします❺。

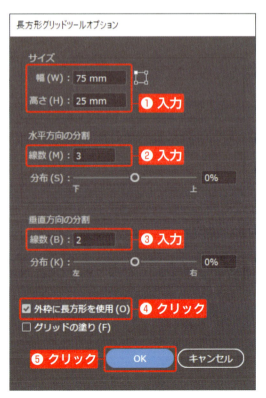

Hint 分割の線数

線数は、行や列を分割する線の数です。例えば、4行3列の表は、＜水平方向の分割＞の＜線数＞を＜3＞に、＜垂直方向の分割＞の＜線数＞を＜2＞にします。

3 表ができた

表ができました。表は、複数の直線と、外枠にあたる長方形で構成されたグループオブジェクトです。

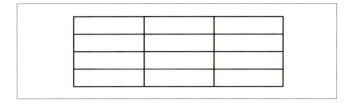

4 個々のセルに色を付ける

表を選択し❶、＜ライブペイント＞ツール（P.138）で個々のセル（マス目）をクリックして❷、色を付けます。

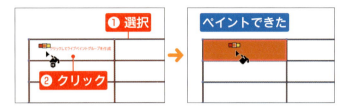

5 グループ選択ツールを選択する

ツールパネルから＜ダイレクト選択＞ツールを長押しし❶、＜グループ選択＞ツールをクリックします❷。

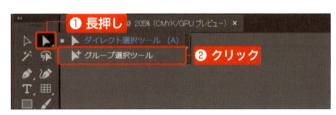

6 高さと幅を調整をする

Shiftキーを押しながらドラッグして❶、線を動かし、セルの幅や高さを調整します。線の移動に応じて、ペイント領域が変わります。

7 セルを調整できた

セルを調整できました。テキストは、個々のセルにおさまるように、タブを使って揃え（P.264）、表の上に置いて完成です。

国名	首都	人口(100万人)
インド	ニューデリー	1,210.6
インドネシア	ジャカルタ	249.0
ベトナム	ハノイ	91.7

StepUp サイズを指定せずに、ショートカットを使って表を作成する

ここでは、手順2のダイアログで、サイズを指定して表を作成しましたが、ショートカットを使って表を作成することもできます。ドラッグして描画中❶（マウスを放していない未確定の状態）に、↑キーを押すと行数が増え、↓キーを押すと行数が減ります。→キーを押すと列数が増え、←キーを押すと列数が減ります。マウスを放すと、表が確定します。

Chapter 12 表とグラフを作ってみよう

Section

97 文字の位置を揃える

使用機能
- タブパネル
- タブキー
- 制御文字

Tabキーを押して入れたタブと<タブ>パネルを使って、文字の位置を揃えることができます。タブは、通常は表示されていない制御文字です。制御文字を表示すると、タブが挿入されていることがわかります。

テキストにタブを挿入してタブパネルで揃える

1 テキストを入力する

テキストを入力します。この時点では、スペースを使って区切る必要はありません。

2 制御文字を表示する

タブの状態がわかりやすいように、制御文字を表示します。メニューバーから<書式>をクリックして❶、<制御文字を表示>をクリックします❷。

3 制御文字が表示された

制御文字が表示されました。現時点で、改行 ¶ やテキストの終了 # を表す制御文字が表示されます。

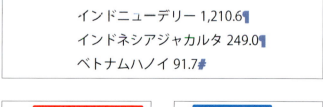

4 テキストにタブを挿入する

テキスト内の揃えたい箇所にカーソルを入れ、Tabキーを押すと❶、タブが挿入され、タブを表す制御文字 » が表示されます。

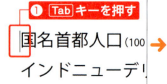

5 揃える位置にタブを挿入する

揃えたい位置すべてにタブを挿入します。タブの挿入位置が、手順6の＜タブ＞パネルの揃え矢印と連動します。

6 タブパネルを表示する

テキストを選択し、メニューバーから＜ウィンドウ＞をクリックし❶、＜書式＞→＜タブ＞をクリックして❷、＜タブ＞パネルを表示します。

7 パネルが表示された

＜タブ＞パネルが表示されました。パネルの端をドラッグすると❶、パネルの幅を長くすることができます。

8 揃える位置を決める

定規の上をクリックし❶、タブ位置の矢印を入れ、＜タブ揃えボタン＞をクリックして❷、揃え方を指定します。これを、挿入したタブの数だけ繰り返します。矢印をドラッグすると、文字の位置が連動します。

Hint タブ揃えボタンの種類

タブ位置の矢印はそれぞれ、■は左揃え、■は中央揃え、■は右揃え、■は小数点揃えを意味します。

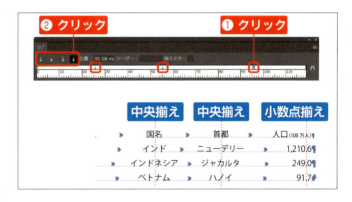

9 文字の位置が揃った

文字の位置が揃いました。メニューバーから＜書式＞をクリックして、＜制御文字を表示＞をクリックしてチェックをはずし、制御文字を隠して、仕上がりを確認します。

国名	首都	人口(100万人)
インド	ニューデリー	1,210.6
インドネシア	ジャカルタ	249.0
ベトナム	ハノイ	91.7

Section

98 円グラフを作成する

使用機能
- 円グラフツール
- グラフデータウィンドウ
- グラフ設定

Illustratorには、さまざまなグラフを作成するツールが用意されています。ここでは、＜円グラフ＞ツールを使って、円グラフを作成しましょう。円グラフは、生産量などで全体におけるシェアを比較する際に便利なグラフです。

円グラフツールで円グラフを作成する

1 円グラフツールを選択する

ツールパネルから＜棒グラフ＞ツールを長押しし❶、隠れている＜円グラフ＞ツールをクリックします❷。

2 円グラフのサイズを指定する

画面上をクリックし、＜グラフ＞ダイアログボックスを表示します。＜幅＞＜高さ＞に数値を入力して円グラフのサイズを指定し❶、＜OK＞をクリックします❷。

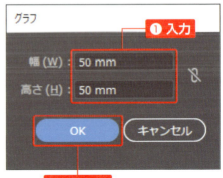

Hint サイズを指定しない場合

円グラフのサイズを指定せず、成り行きのサイズにしたい場合は、円形を描くようにドラッグします。

3 円グラフが作成された

円グラフが作成され、グラフデータウィンドウが表示されます。

Hint 作成されたグラフ

作成されたグラフは、グレースケールのグループオブジェクトです。のちに編集して、好みの見た目に仕上げます。

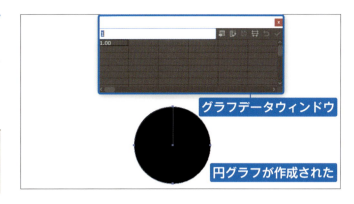

4 データを入力する

円グラフが選択された状態で、グラフデータウィンドウのセルをクリックして選択し❶、入力テキストボックスにデータを入力します❷。入力後、適用ボタン☑をクリックします❸。

Hint データセットとは

「広島県」「愛媛県」のように、比較する内容（ラベル）をデータセットといい、円グラフでは横に並べて入力します。

Hint セル間の移動

グラフデータウィンドウのセル間は、Tabキーを押すと、右のセルへ移動できます。矢印キー（↑↓←→）を使っても、目的の方向のセルへ移動できます。

5 データが反映された

データが反映された円グラフが作成され、円グラフの横に凡例が付きます。

Hint グラフデータウィンドウの表示

グラフデータウィンドウを閉じた後は、メニューバーの<オブジェクト>をクリックし<グラフ>→<データ>をクリックして表示します。

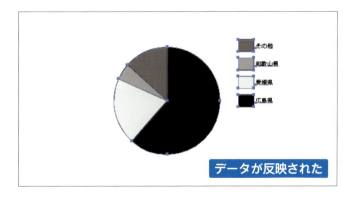

Chapter 12 表とグラフを作ってみよう

267

凡例を円グラフの中に表示する

1 グラフ設定を表示する

円グラフの横にある凡例を、円グラフの中にわかりやすくまとめましょう。＜円グラフ＞ツールをダブルクリックします❶。

2 凡例の位置を変更する

＜グラフ設定＞ダイアログが表示されます。＜オプション＞の＜凡例＞の☑をクリックし❶、リストから＜グラフの中に表示＞をクリックして❷、＜OK＞をクリックします❸。

Hint 凡例の表示

＜凡例＞の初期設定の＜標準＞で、グラフの横に凡例が表示されます。＜表示しない＞を選択すると、凡例を非表示にできます。

3 凡例がグラフの中に表示された

凡例が円グラフの中に表示されました。

Hint 設定が済んでから装飾する

グラフの色や文字の編集といった装飾は、グラフのデータや設定の編集が済んでから行います。装飾後に、データや設定を変更すると、装飾前に戻ってしまうので、注意しましょう。

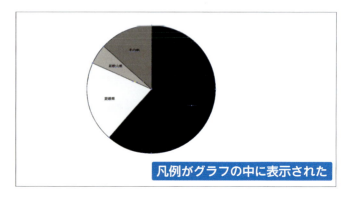

円グラフの色や文字を装飾する

1 グループ選択ツールを選択する

ツールパネルから＜ダイレクト選択＞ツールを長押しし❶、＜グループ選択＞ツールをクリックします❷。

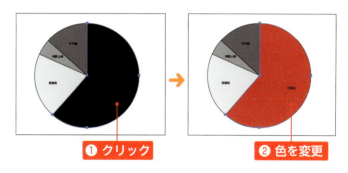

2 円グラフの色を編集する

グループオブジェクトである円グラフの中の、個々のオブジェクトをクリックし❶、色を変更します❷。

> **Hint グループを解除しないよう注意**
>
> グループオブジェクトであるグラフは、グループを解除すると、グラフの設定やデータの変更ができなくなります。＜グループ選択＞ツールを使うと、グループを解除しなくても、グラフ内の個々のオブジェクトを選択して編集できます（P.78）。

3 円グラフの文字を編集する

円グラフの文字をクリックすると、個々の文字を選択できます。いずれかの文字の上を2回クリック（ダブルクリックではない）すると❶、一度にすべての文字を選択して編集できます❷。

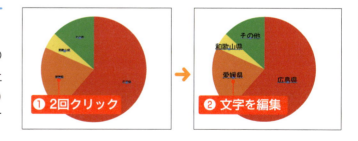

4 円グラフを仕上げる

グラフのグループオブジェクトとは別に、円グラフの下にテキストオブジェクトをつくり、円グラフの見出しを付けて仕上げます。

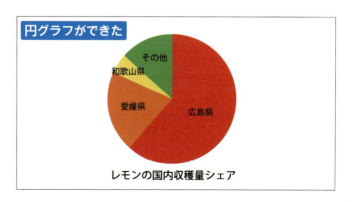

Section 99 棒グラフを作成する

使用機能
- 棒グラフツール
- 座標軸
- 折れ線グラフ

ここでは、＜棒グラフ＞ツールを使って、棒グラフを作成しましょう。棒グラフは、生産量などの推移を比較する際に便利なグラフです。基本的な作成方法は、円グラフ（P.266）と同様です。

棒グラフツールで棒グラフを作成する

1 棒グラフツールを選択する

ツールパネルから＜棒グラフ＞ツールをクリックします❶。

Hint 棒グラフの種類

棒グラフには、棒グラフ、積み上げ棒グラフ、横向き棒グラフ、横向き積み上げ棒グラフの4種類があります。

2 棒グラフのサイズを指定する

画面上をクリックし、＜グラフ＞ダイアログを表示します。＜幅＞＜高さ＞に数値を入力して棒グラフのサイズを指定し❶、＜OK＞をクリックします❷。

Hint サイズを指定しない場合

棒グラフのサイズを指定せず、成り行きのサイズにしたい場合は、四角を描くようにドラッグします。

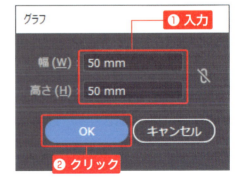

3 棒グラフが作成された

棒グラフが作成され、グラフデータウィンドウが表示されます。

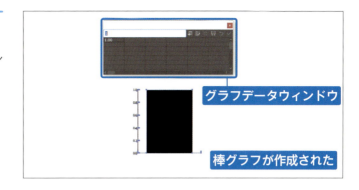

4 データを入力する

棒グラフが選択された状態で、グラフデータウィンドウのセルをクリックして選択し❶、入力テキストボックスにデータを入力します❷。入力後、適用ボタン☑をクリックします❸。

Hint カテゴリラベルとは

セルに数値を入力すると、データと認識されます。年代として「1980」と表示したい場合は、"1980"のように、数値を"(ダブルクォーテーション)で囲み、カテゴリラベルにします。

5 データが反映された

データが反映された棒グラフが作成されます。横方向にカテゴリラベルが、縦方向にデータを表す目盛りが表示されます。

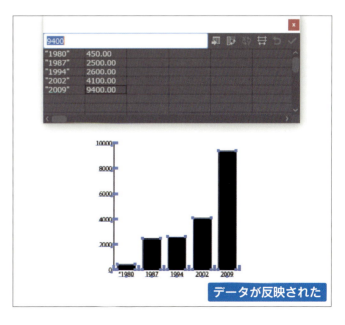

縦軸に単位を付ける

1 グラフ設定を表示する

棒グラフの縦軸に単位を付けて、データをわかりやすくしましょう。＜棒グラフ＞ツールをダブルクリックします❶。

2 数値の座標軸に単位を付ける

＜グラフ設定＞ダイアログボックスが表示されます。＜グラフオプション＞の▼をクリックし❶、リストから＜数値の座標軸＞をクリックします❷。＜ラベルを追加＞の＜座標軸の後＞に単位（ここでは生産量を表すt）を入力し❸、＜OK＞をクリックします❹。

Hint 2つの座標軸

＜グラフオプション＞では、縦軸にあたる＜数値の座標軸＞と横軸にあたる＜項目の座標軸＞の2つの軸の設定ができます。

3 縦軸に単位が付いた

縦軸に単位が付きました。

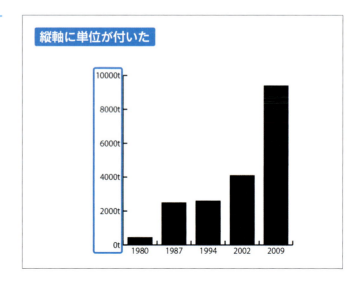

グラフの種類を変更する

1 グラフ設定を表示する

グラフが選択された状態で、＜棒グラフ＞ツールをダブルクリックします❶。

2 グラフの種類を選択する

＜グラフ設定＞ダイアログボックスが表示されます。＜種類＞からグラフの種類（ここでは折れ線グラフ）をクリックし❶、＜OK＞をクリックします❷。

3 グラフが置き換わった

グラフが選択したグラフに置き換わりました。

> **Hint グラフを装飾する**
> 棒グラフや折れ線グラフなどのグラフも、P.269の要領で＜グループ選択＞ツールを使ってグラフの色や文字を変えることができます。

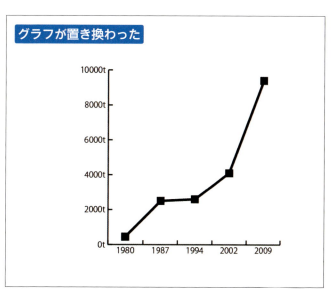

イラストを使ったグラフを作成する

グラフの内容と関連性があるグラフィックをデザインマーカー（グラフのデザインの元となるオブジェクト）としてあらかじめ作成し、＜グラフのデザイン＞の機能を使ってグラフに反映させると、視覚的にわかりやすく親しみやすいグラフを作成できます。

まずグラフの元となるオブジェクトを選択し❶、メニューバーの＜オブジェクト＞をクリックし❷、＜グラフ＞→＜デザイン＞をクリックします❸。＜グラフのデザイン＞ダイアログボックスが表示されるので、＜新規デザイン＞をクリックします。＜名前の変更＞をクリックして❹新しいデザインの名前を入力し、＜OK＞をクリックして❺、デザインを登録します。

次に＜選択＞ツールで棒グラフを選択した状態で、メニューバーの＜オブジェクト＞→＜グラフ＞→＜棒グラフ＞をクリックします。＜棒グラフ設定＞ダイアログボックスで、先ほど作成したデザインを選択し❻、＜棒グラフ形式＞で＜繰り返し＞を選択します❼。＜単位＞を入力し（ここでは1000）❽、＜OK＞をクリックします❾。すると、グラフが選択したデザインに置き替わります。端数を＜区切る＞にした場合と、＜伸縮させる＞の場合で見た目も変わります。

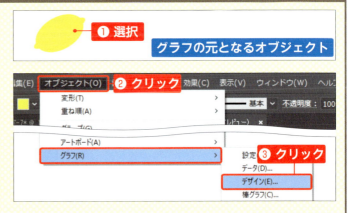

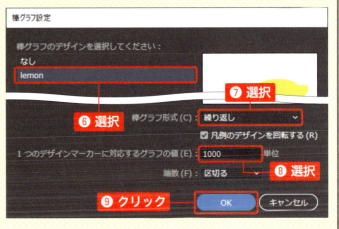

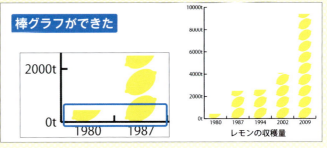

Chapter 13

総合演習

本書のまとめとして、総合演習をしましょう。ここでは、印刷物の一例として、ポストカードを作成します。印刷物を作成する際の設定やルールを確認し、レイアウトしましょう。データの入稿方法についてもご紹介します。

Section

100 ポストカードを作成する

キーワード
- トンボ
- 裁ち落とし
- 入稿

これまで学習した機能を組み合わせて、ポストカードを作成しましょう。ポストカードのような印刷物に応じたカラー設定や単位で作業をし、印刷用データの入稿方法まで確認していきます。

Chapter 13 総合演習

ポストカードの作成

これまで学習した機能を組み合わせて、ポストカードを作成しましょう。各作業内の参照ページも振り返りながら、理解を深めましょう。基本の手順通りに進めてもらい、デザインを検討する際は、配置や配色は好みに仕上げても構いません。ポストカードは、印刷物です。印刷物に応じた設定で作業をしましょう。

ポストカードができたら、印刷業者に入稿（データを渡すこと）するための入稿用データを準備します。基本的な設計は同様なので、ポストカードだけでなく、さまざまな印刷物を作成できるスキルが身に付きます。

フラワーショップのポストカードを作成

幅：100mm× 高さ：148mm

カラー設定と単位を確認する

1 カラー設定を確認する

P.60を参考に、印刷物の作成に適したカラー設定を確認します。

設定	プリプレス用 - 日本2

2 単位を確認する

P.60を参考に、印刷物の作成に適した単位を確認します。

一般	ミリメートル
線	ポイント
文字	ポイント
東アジア言語のオプション	ポイント

新規ドキュメントを作成する

1 ドキュメントを作成する

P.50を参考に、印刷物に適したドキュメントを作成します。以降、作業中は、まめにドキュメントを保存するようにしましょう（P.52）。

ドキュメントの種類	印刷
ドキュメント名	ポストカード
サイズ	A4（幅：210×高さ297mm）
方向	縦
アートボード	1
裁ち落とし	0mm
カラーモード	CMYKカラー

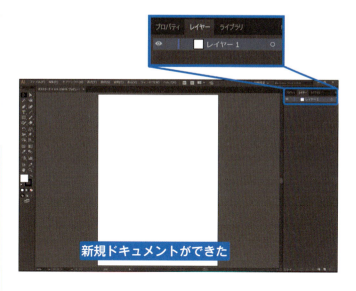

新規ドキュメントができた

Chapter 13 総合演習

277

レイヤーを作成する

1 レイヤー1の名前を変更する

＜レイヤー＞パネルの＜レイヤー1＞の名前の上をダブルクリックし❶、名前を「ガイド」に変更します（P.193）。

2 レイヤーを追加する

レイヤーを追加し（P.192）、右図のようなレイヤー構造にします。以降、作業に応じたレイヤーを選択してレイアウトします。

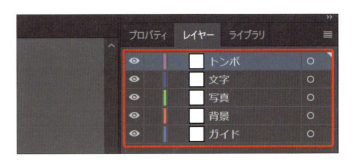

トンボを作成する

1 仕上がりサイズの長方形を作成する

＜ガイド＞レイヤーをクリックして選択します❶。＜長方形＞ツールでポストカードのサイズの長方形を作成し（P.83）、アートボードの中央に整列します（P.72）❷。

幅	148mm
高さ	100mm

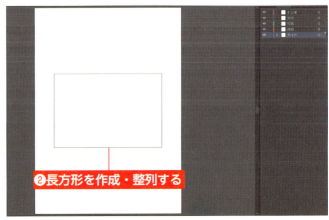

2 トンボを作成する

長方形を選択し、線をなしにして（P.102）、メニューバーの＜オブジェクト＞をクリックし❶、＜トリムマークを作成＞をクリックします❷。すると、長方形に対してトンボが付きます。また、事前に選択したレイヤーに関わらず、トンボは自動的に最上部のレイヤーに、グループオブジェクトとして作成されます。

トンボが動かないように、＜トンボ＞レイヤーをロックしておきます（P.189）❸。

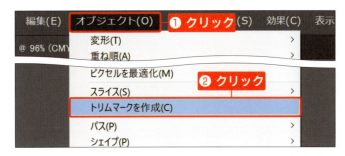

Hint 線をなしにする

トンボを作成する前に、長方形の線をなしにします。線に情報があると、トンボがずれるおそれがあるからです。塗りはわかりやすくここでは黄色にしています。

Hint トンボの役割

印刷物作成時のルールであるトンボ（トリムマーク）は、コーナートンボとセンタートンボで構成されています。コーナートンボは、さらに外トンボと内トンボで構成されています。それぞれの役割を確認しておきましょう。

■コーナートンボ－外トンボ
裁ち落とし（塗り足し）の位置を示します。仕上がりいっぱいに地色や画像を配置する場合は、印刷工程の裁断時に、紙の白地が出ることを防止するため、これらのグラフィックを外トンボまで伸ばします。この処理を**裁ち落とし（塗り足し）**といい、通常3mmです。

■コーナートンボ－内トンボ
裁断位置を示します。向かい合う内トンボ同士を結んだラインで裁断され、仕上がりサイズの印刷物ができます。

■センタートンボ
多色印刷における版ズレを防止する役割があります。

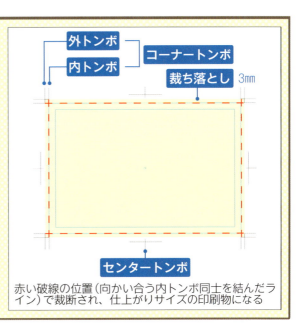

赤い破線の位置（向かい合う内トンボ同士を結んだライン）で裁断され、仕上がりサイズの印刷物になる

Chapter 13 総合演習

279

マージンを作成する

1 内側に長方形のコピーを作成する

長方形を選択し、メニューバーの＜オブジェクト＞をクリックし、＜パス＞→＜パスのオフセット＞をクリックします。＜パスのオフセット＞ダイアログボックスの＜オフセット＞に「-5mm」と入力し❶、＜OK＞をクリックします（P.142）❷。オフセット値を元に、長方形の内側にコピーができます。上下左右にできた5mmが、マージン（余白）になります。

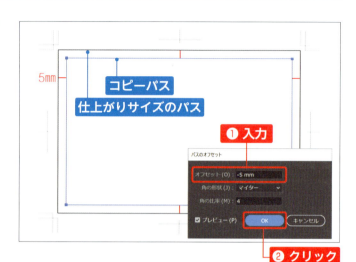

2 2つのパスをガイドに変換する

2つの長方形を選択して❶、メニューバーの＜表示＞をクリックし❷、＜ガイド＞→＜ガイドを作成＞をクリックします❸。すると、長方形がガイドに変換されます。ガイドは画面上での目安線で、印刷はされません。メニューバーの＜表示＞をクリックし、＜ガイド＞→＜ガイドをロック＞をクリックし、ガイドをロックしておきます。

Hint マージン（余白）と版面

仕上がりサイズからマージン（余白）を差し引いた領域を、版面（はんづら）といいます。文字などの要素は、版面の中に収めるようにレイアウトすると、重要な要素が仕上がりにギリギリに配置されることがなく、ゆとりがある仕上がりになります。

背景を作成する

1 仕上がりサイズの長方形を作成する

<背景>レイヤーをクリックして選択し❶、ポストカードの背景用の長方形（幅148mm、高さ100mm）を作成します❷。＜長方形＞ツールでポストカードのサイズの長方形を作成し（P.83）、ドラッグしてガイドにスナップ（吸着）させます❸。

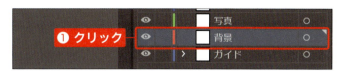

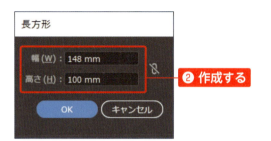

> **Hint ポイントにスナップ**
>
> ＜ポイントにスナップ＞の機能を使うと、オブジェクトをガイドにぴったり吸着させることができます。メニューバーの＜表示＞をクリックし、＜ポイントにスナップ＞にチェックが入っている場合に有効です。なお、＜ガイド＞レイヤーがロックされていると、ガイドにスナップできないので注意しましょう。

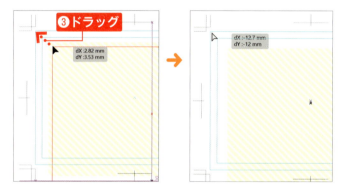

2 裁ち落としを付ける

長方形に裁ち落としを付けます。長方形を選択した状態で、＜変形＞パネル（P.70）で中心の基準点をクリックします❶。＜W＞＜H＞の数値ボックスの後に、それぞれ＜+6＞と入力して確定すると❷、裁ち落としを足したサイズを計算し、長方形は裁ち落とし込みのサイズになります。

背景ができたら、＜ロックを切り替え＞をクリックして❸、＜背景＞レイヤーをロックします。

画像を配置する

1 画像を配置する

<写真>レイヤーをクリックして選択し❶、メニューバーの<ファイル>→<配置>をクリックします(P.180)。表示される<配置>ダイアログボックスで配置したい画像を選択し❷、<リンク>をクリックしてチェックを入れ❸<配置>をクリックします❹。

続いて、配置を促すアイコンが表示されるので、画面上をクリックし❺、画像を配置します。

Hint リンクと埋め込み

<配置>ダイアログの<リンク>にチェックを入れて配置すると、<リンク>パネルに画像名が表示され、画像を管理しやすいです。一般的に、入稿用のデータは、リンク形式で配置します。<リンク>のチェックをはずすと、画像の情報がドキュメントに埋め込まれ、画像の情報をたどれなくなります(埋め込み形式)。

2 画像を整える

画像は100%(原寸)で配置されるため、バウンディングボックスを使って必要に応じてサイズの調整をします(P.70)。

3 クリッピングマスクを作成する

写真の上にパス（ここでは角丸長方形）を作り、写真と角丸長方形を選択します❶。メニューバーの＜オブジェクト＞をクリックし❷、＜クリッピングマスク＞→＜作成＞をクリックします❸。すると、画像が角丸長方形でマスクされます。
画像を調整できたら、＜ロックを切り替え＞をクリックして❹、＜写真＞レイヤーをロックします。

Hint クリッピングマスクの解除

クリッピングマスクを解除するには、メニューバーの＜オブジェクト＞をクリックし、＜クリッピングマスク＞→＜解除＞をクリックします。

Hint ＜リンク＞パネル

＜リンク＞パネルには、リンク形式で配置した画像が表示されます。パネル下部には、画像の情報が表示され、ファイル形式やカラーモード、配置倍率などを簡単にチェックできます。また、画像の置き換えや更新、元データの編集などもできます。

❶＜リンクを再設定＞ をクリックすると、＜配置＞ダイアログが表示され、画像を指定して置き替えることができます。

（例）
画像を置き替え、
フォントカラーも合わせて変更した

❷＜リンクを更新＞ をクリックすると、Photoshopで変更した画像をIllustratorのドキュメントで更新できます。
❸＜オリジナルを編集＞ をクリックすると、紐付いているアプリが立ち上がり、元データを編集できます。PSD形式であれば、Photoshopが立ち上がり、Photoshopでの修正とIllustratorでの更新をシームレスにできます。
これらは、リンク形式で画像を配置しないとできません。

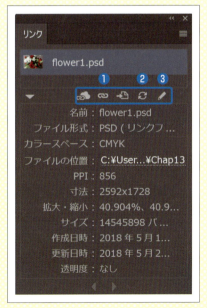

文字を入力・編集する

1 文字を入力・編集する

<文字>レイヤーをクリックして選択し❶、文字を入力・編集して配置します❷。

入力内容	Flower Market Soleil
フォント	Times New Roman Bold
フォントサイズ	30pt
行揃え	中央揃え
フォントカラー	花の色から抽出
ワープ文字	円弧（カーブ：20%）

入力内容	3/3 open
フォント	Times New Roman Bold
フォントサイズ	25pt
行揃え	中央揃え
フォントカラー	葉の色から抽出

入力内容	生活シーンに〜
フォント	小塚ゴシックPro R
フォントサイズ	9pt
行送り	自動
行揃え	均等配置（最終行左揃え）
フォントカラー	ブラック

※本文の内容は、サンプルファイルに含まれるテキストデータをコピーしてお使いください

Hint ガイドを隠して仕上がりを確認する

完成したら、ガイドを非表示にして、仕上がりを確認しましょう。メニューバーの<表示>をクリックし、<ガイド>→<ガイドを隠す>をクリックすると、ガイドを隠すことができます。
そのほか、<ガイドをロック解除><ガイドを消去>など、ガイドに関する機能があります。

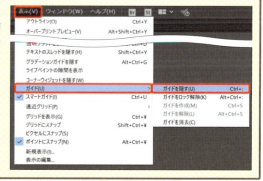

入稿用のデータを整理する

1 配置画像をチェックする

＜リンク＞パネルで、配置画像をチェックします。印刷物用の画像の場合、ファイル形式はEPS形式（P.55）かPSD形式（P.55）、カラーモードはCMYKで、リンク形式で配置してあることを確認します❶。また、画像を極端に拡大すると画像が荒れるので、避けるようにしましょう。拡大・縮小で配置倍率を確認できます❷。

Hint 画像解像度のチェック

画像の画像解像度は、Photoshopでファイルを開いて確認します。印刷物用の画像は、350ppi程度が一般的です。

2 テキストをアウトライン化する

フォントのトラブルを防ぐため、テキストをアウトライン化します❶（P.214）。アウトライン化後は、文字の編集ができなくなるので、編集に備えて、元データは取っておきましょう。

3 ファイルをまとめる

レイアウトデータは、CMYKカラーであること、トンボと裁ち落としがあることを確認し、入稿先のバージョンに合わせてAI形式で保存します（P.55）。配置画像と同じフォルダにまとめて渡します。

索 引

数字・アルファベット

100%表示	047
CMYK	041
OpenTypeフォント	213
RGB	041

あ行

アートブラシ	256
アートボード	022, 056
アウトラインモード	048
アウトラインを作成	214
アピアランス	219
アンカーポイント（点）	080
アンカーポイントの削除ツール	177
アンカーポイントの追加ツール	176
異体字	212
移動	066
印刷	058
インスタンス	236
インデント	207
エリア内文字（段落文字）	201, 208
円グラフ	266
円弧ツール	100
鉛筆ツール	090
オープンパス	080, 166
オブジェクト	062
オブジェクトの重ね順	030, 076
オブジェクトを再配色	132
折れ線グラフ	273

か行

カーニング	205
回転	071, 156
回転ツール	156
拡大・縮小ツール	154
角度	147
画像解像度	039
型抜き	151
合体	150
角丸長方形	084, 148
可変線幅	112
カラーガイドパネル	134
カラー設定	060
カラー選択ボックス	029
カラーパネル	104
カラーモード	040, 105
カリグラフィブラシ	252
行送り	204
行揃え	207

曲線・グラデーション（右欄）

曲線	90, 170
グラデーション	114, 118, 120
グラフィックスタイル	230
グラフのデザイン	274
クリッピングマスク	283
グループ化	078
グループ選択ツール	078
クローズパス	080, 168
形状モード	150
消しゴムツール	094
コーナーポイント	178
コピー	066
個別に変形	162

さ行

サイズ	145
座標	144
散布ブラシ	254
ジグザグ効果	224
字形パネル	212
字下げ	207
自動選択ツール	064
自由変形ツール	160
小数点揃え	265
新規ドキュメント	050
新規レイヤーを作成	192
シンボル	236, 238
シンボルツール	240
スウォッチパネル	106, 123
スウォッチライブラリ	130
ズームツール	044
スクリーンモード	031
スター	087
スパイラルツール	100
スペクトル	104
スポイトツール	232
スムーズツール	091
スムーズポイント	178
スレッドテキスト	210
制御文字	264
整列	072
セグメント（線）	080
線	102
全体表示	047
選択コラム	186
選択ツール	062
選択を解除	063
線パネル	089, 108, 110
線幅ツール	112
前面へ	076
線を追加	228

INDEX

た行

ターゲットコラム	186
楕円形	085
多角形	086
裁ち落とし	281
裁ち落とし線	022
縦組み	216
タブ	264
単位	060
段組	208
中央揃え	265
長方形	083
直線	088, 166
直線ツール	088
ツールパネル	022, 024
手のひらツール	045
テンプレートレイヤー	181, 196
透明パネル	136
閉じる	043
トラッキング	205
トレース	138, 180
ドロップシャドウ	220
トンボ	278

な行

ナイフツール	097
ナビゲーターパネル	046
入稿	285
塗り	102
塗りブラシツール	092
塗りを追加	226

は行

配置	180, 282
背面へ	077
バウンディングボックス	038, 070
はさみツール	096
パス	080
パス消しゴムツール	095
パス上文字	201
パスのアウトライン	142
パスのオフセット	142
パスファインダーパネル	150
破線	108
パターン	122
パターンの変形	126
パターンブラシ	258
パネル	022, 032
幅・高さ	147

パンク・膨張	218
版面	280
左揃え	265
ビットマップ画像	039
表	262
表示コラム	186
開く	042
ファイル形式	055
フォント	202
袋文字	234
不透明度	136
ブラシ	250
ブラシライブラリ	251
プレビューモード	049
ブレンドオブジェクト	244
ブレンドオプション	247
ブレンド軸	244, 248
ブレンドツール	245, 246
分布	074
ベクトル画像	038
変形パネル	071, 144, 146, 148
編集コラム	186
ペンツール	164
ポイント文字	201
棒グラフ	270
ポストカード	276
保存	052

ま行

マージン	280
右揃え	265
メッシュツール	120
文字間	205
文字タッチツール	215
文字ツール	200, 202, 206
文字の色	204
文字パネル	202, 206

や・ら・わ行

矢印	110
ライブコーナーウィジェット	149
ライブペイント選択ツール	141
ライブペイントツール	140
リフレクトツール	158
リンクパネル	283
レイヤー	186
連結ツール	098
ワークスペース	023
ワープ	222

まきの ゆみ（アドビ認定インストラクター）

広島県出身。早稲田大学大学院商学研究科修士課程修了。出版社・広告代理店で営業職として勤務後、フリーランスで活動開始。広告プランナーとして活動しながら、大日本印刷関連会社でDTP業務にも携わる。現在は、アドビ認定インストラクターとして、Adobe製品の企業・団体向け出張講習を行うほか、オンライン動画学習サービス『schoo(スクー) WEB-campus』にも登壇しており、「デザイン・ITをわかりやすく便利で身近なものに」をモットーに、次世代に知識と経験を伝えるために精力的に活動中。

■チュートリアルブログ
https://ameblo.jp/mixtyle

■schoo（スクー）WEB-campus
https://schoo.jp/teacher/969

今すぐ使えるかんたん
Illustrator CC

2018年 7月6日　初版　第1刷発行

著者名　　まきのゆみ
発行者　　片岡 巌
発行所　　株式会社 技術評論社
　　　　　東京都新宿区市谷左内町21-13
　　　　　電話　03-3513-6150　販売促進部
　　　　　　　　03-3513-6160　書籍編集部
装丁●田邉恵里香
本文デザイン●吉名 昌（はんぺんデザイン）
編集／DTP●リブロワークス
担当●鷹見成一郎
製本／印刷●大日本印刷株式会社

定価はカバーに表示してあります。

落丁・乱丁がございましたら、弊社販売促進部までお送りください。交換いたします。

本書の一部または全部を著作権法の定める範囲を超え、無断で複写、複製、転載、テープ化、ファイルに落とすことを禁じます。

©2018　まきのゆみ

ISBN978-4-7741-9837-8 C3055
Printed in Japan

お問い合わせについて

本書に関するご質問については、本書に記載されている内容に関するもののみとさせていただきます。本書の内容と関係のないご質問につきましては、一切お答えできませんので、あらかじめご了承ください。また、電話でのご質問は受け付けておりませんので、必ずFAXか書面にて下記までお送りください。
なお、ご質問の際には、必ず以下の項目を明記していただきますようお願いいたします。

1　お名前
2　返信先の住所またはFAX番号
3　書名（今すぐ使えるかんたん Illustrator CC）
4　本書の該当ページ
5　ご使用のOSとソフトウェアのバージョン
6　ご質問内容

なお、お送りいただいたご質問には、できる限り迅速にお答えできるよう努力いたしておりますが、場合によってはお答えするまでに時間がかかることがあります。また、回答の期日をご指定なさっても、ご希望にお応えできるとは限りません。あらかじめご了承くださいますよう、お願いいたします。

FAX

1　お名前
　技術　太郎
2　返信先の住所またはFAX番号
　03-XXXX-XXXX
3　書名
　今すぐ使えるかんたん
　Illustrator CC
4　本書の該当ページ
　180ページ
5　ご使用のOSとソフトウェアのバージョン
　Windows 10 Pro
　Illustrator CC 2018
6　ご質問内容
　手順通りに操作できない

※ご質問の際に記載いただきました個人情報は、回答後速やかに破棄させていただきます。

問い合わせ先

〒162-0846　東京都新宿区市谷左内町21-13
株式会社技術評論社　書籍編集部
「今すぐ使えるかんたん Illustrator CC」質問係
FAX番号　03-3513-6167

http://gihyo.jp/book/